智能制造系列教材

U0156300

机器人基础

FOUNDATION OF ROBOT

杨勇　谢广明　主编

张国英　黄福　简月　副主编

清華大學出版社

北京

图书在版编目(CIP)数据

机器人基础/杨勇,谢广明主编.—北京：清华大学出版社,2024.1
智能制造系列教材
ISBN 978-7-302-65148-2

Ⅰ.①机… Ⅱ.①杨… ②谢… Ⅲ.①机器人工程－高等学校－教材 Ⅳ.①TP24

中国国家版本馆 CIP 数据核字(2024)第 019123 号

责任编辑：刘　杨
封面设计：李召霞
责任校对：赵丽敏
责任印制：刘海龙

出版发行：清华大学出版社
　　　　　网　　　址：https://www.tup.com.cn,https://www.wqxuetang.com
　　　　　地　　　址：北京清华大学学研大厦 A 座　　　邮　　　编：100084
　　　　　社 总 机：010-83470000　　　　　　　　　邮　　　购：010-62786544
　　　　　投稿与读者服务：010-62776969,c-service@tup.tsinghua.edu.cn
　　　　　质量反馈：010-62772015,zhiliang@tup.tsinghua.edu.cn
印 装 者：三河市科茂嘉荣印务有限公司
经　　销：全国新华书店
开　　本：170mm×240mm　　　印　　张：8　　　　字　　数：158 千字
版　　次：2024 年 3 月第 1 版　　　　　　　　印　　次：2024 年 3 月第 1 次印刷
定　　价：28.00 元

产品编号：090888-01

智能制造系列教材编审委员会

　　多年前人们就感叹,人类已进入互联网时代;近些年人们又惊叹,社会步入物联网时代。牛津大学教授舍恩伯格(Viktor Mayer-Schönberger)心目中大数据时代最大的转变,就是放弃对因果关系的渴求,转而关注相关关系。人工智能则像一个幽灵徘徊在各个领域,兴奋、疑惑、不安等情绪分别蔓延在不同的业界人士中间。今天,5G 的出现使得作为整个社会神经系统的互联网和物联网更加敏捷,使得宛如社会血液的数据更富有生命力,自然也使得人工智能未来能在某些局部领域扮演超级脑力的作用。于是,人们惊呼数字经济的来临,憧憬智慧城市、智慧社会的到来,人们还想象着虚拟世界与现实世界、数字世界与物理世界的融合。这真是一个令人咋舌的时代!

　　但如果真以为未来经济就"数字"了,以为传统工业就"夕阳"了,那可以说我们就真正迷失在"数字"里了。人类的生命及其社会活动更多地依赖物质需求,除非未来人类生命形态真的变成"数字生命"了,不用说维系生命的食物之类的物质,就连"互联""数据""智能"等这些满足人类高级需求的功能也得依赖物理装备。所以,人类最基本的活动便是把物质变成有用的东西——制造! 无论是互联网、物联网、大数据、人工智能,还是数字经济、数字社会,都应该落脚在制造上,而且制造是其应用的最大领域。

　　前些年,我国把智能制造作为制造强国战略的主攻方向,即便从世界上看,也是有先见之明的。在强国战略的推动下,少数推行智能制造的企业取得了明显效益,更多企业对智能制造的需求日盛。在这样的背景下,很多学校成立了智能制造等新专业(其中有教育部的推动作用)。尽管一窝蜂地开办智能制造专业未必是一个好现象,但智能制造的相关教材对于高等院校与制造关联的专业(如机械、材料、能源动力、工业工程、计算机、控制、管理……)都是刚性需求,只是侧重点不一。

　　教育部高等学校机械类专业教学指导委员会(以下简称"机械教指委")不失时机地发起编著这套智能制造系列教材。在机械教指委的推动和清华大学出版社的组织下,系列教材编委会认真思考,在 2020 年新型冠状病毒感染疫情正盛之时进行视频讨论,其后教材的编写和出版工作有序进行。

　　编写本系列教材的目的是为智能制造专业以及与制造相关的专业提供有关智能制造的学习教材,当然教材也可以作为企业相关的工程师和管理人员学习和培训之用。系列教材包括主干教材和模块单元教材,可满足智能制造相关专业的基础课和专业课的需求。

主干教材,即《智能制造概论》《智能制造装备基础》《工业互联网基础》《数据技术基础》《制造智能技术基础》,可以使学生或工程师对智能制造有基本的认识。其中,《智能制造概论》教材给读者一个智能制造的概貌,不仅概述智能制造系统的构成,而且还详细介绍智能制造的理念、意识和思维,有利于读者领悟智能制造的真谛。其他几本教材分别论及智能制造系统的"躯干""神经""血液""大脑"。对于智能制造专业的学生而言,应该尽可能必修主干课程。如此配置的主干课程教材应该是本系列教材的特点之一。

本系列教材的特点之二是配合"微课程"设计了模块单元教材。智能制造的知识体系极为庞杂,几乎所有的数字-智能技术和制造领域的新技术都和智能制造有关,不仅涉及人工智能、大数据、物联网、5G、VR/AR、机器人、增材制造(3D 打印)等热门技术,而且像区块链、边缘计算、知识工程、数字孪生等前沿技术都有相应的模块单元介绍。本系列教材中的模块单元差不多成了智能制造的知识百科。学校可以基于模块单元教材开出微课程(1 学分),供学生选修。

本系列教材的特点之三是模块单元教材可以根据各所学校或者专业的需要拼合成不同的课程教材,列举如下。

♯课程例 1——"智能产品开发"(3 学分),内容选自模块:

➤ 优化设计
➤ 智能工艺设计
➤ 绿色设计
➤ 可重用设计
➤ 多领域物理建模
➤ 知识工程
➤ 群体智能
➤ 工业互联网平台

♯课程例 2——"服务制造"(3 学分),内容选自模块:

➤ 传感与测量技术
➤ 工业物联网
➤ 移动通信
➤ 大数据基础
➤ 工业互联网平台
➤ 智能运维与健康管理

♯课程例 3——"智能车间与工厂"(3 学分),内容选自模块:

➤ 智能工艺设计
➤ 智能装配工艺

➢ 传感与测量技术

➢ 智能数控

➢ 工业机器人

➢ 协作机器人

➢ 智能调度

➢ 制造执行系统(MES)

➢ 制造质量控制

总之,模块单元教材可以组成诸多可能的课程教材,还有如"机器人及智能制造应用""大批量定制生产"等。

此外,编委会还强调应突出知识的节点及其关联,这也是此系列教材的特点。关联不仅体现在某一课程的知识节点之间,也表现在不同课程的知识节点之间。这对于读者掌握知识要点且从整体联系上把握智能制造无疑是非常重要的。

本系列教材的编著者多为中青年教授,教材内容体现了他们对前沿技术的敏感和在一线的研发实践的经验。无论在与部分作者交流讨论的过程中,还是通过对部分文稿的浏览,笔者都感受到他们较好的理论功底和工程能力。感谢他们对这套系列教材的贡献。

衷心感谢机械教指委和清华大学出版社对此系列教材编写工作的组织和指导。感谢庄红权先生和张秋玲女士,他们卓越的组织能力、在教材出版方面的经验、对智能制造的敏锐性是这套系列教材得以顺利出版的最重要因素。

希望本系列教材在推进智能制造的过程中能够发挥"系列"的作用!

2021 年 1 月

　　制造业是立国之本,是打造国家竞争能力和竞争优势的主要支撑,历来受到各国政府的高度重视。而新一代人工智能与先进制造深度融合形成的智能制造技术,正在成为新一轮工业革命的核心驱动力。为抢占国际竞争的制高点,在全球产业链和价值链中占据有利位置,世界各国纷纷将智能制造的发展上升为国家战略,全球新一轮工业升级和竞争就此拉开序幕。

　　近年来,美国、德国、日本等制造强国纷纷提出新的国家制造业发展计划。无论是美国的"工业互联网"、德国的"工业4.0",还是日本的"智能制造系统",都是根据各自国情为本国工业制定的系统性规划。作为世界制造大国,我国也把智能制造作为推进制造强国战略的主攻方向,并于2015年发布了《中国制造2025》。《中国制造2025》是我国全面推进建设制造强国的引领性文件,也是我国实施制造强国战略的第一个十年的行动纲领。推进建设制造强国,加快发展先进制造业,促进产业迈向全球价值链中高端,培育若干世界级先进制造业集群,已经成为全国上下的广泛共识。可以预见,随着智能制造在全球范围内的孕育兴起,全球产业分工格局将受到新的洗礼和重塑,中国制造业也将迎来千载难逢的历史性机遇。

　　无论是开拓智能制造领域的科技创新,还是推动智能制造产业的持续发展,都需要高素质人才作为保障,创新人才是支撑智能制造技术发展的第一资源。高等工程教育如何在这场技术变革乃至工业革命中履行新的使命和担当,为我国制造企业转型升级培养一大批高素质专门人才,是摆在我们面前的一项重大任务和课题。我们高兴地看到,我国智能制造工程人才培养日益受到高度重视,各高校都纷纷把智能制造工程教育作为制造工程乃至机械工程教育创新发展的突破口,全面更新教育教学观念,深化知识体系和教学内容改革,推动教学方法创新,我国智能制造工程教育正在步入一个新的发展时期。

　　当今世界正处于以数字化、网络化、智能化为主要特征的第四次工业革命的起点,正面临百年未有之大变局。工程教育需要适应科技、产业和社会快速发展的步伐,需要有新的思维、理解和变革。新一代智能技术的发展和全球产业分工合作的新变化,必将影响几乎所有学科领域的研究工作、技术解决方案和模式创新。人工智能与学科专业的深度融合、跨学科网络以及合作模式的扁平化,甚至可能会消除某些工程领域学科专业的划分。科学、技术、经济和社会文化的深度交融,使人们可以充分使用便捷的软件、工具、设备和系统,彻底改变或颠覆设计、制造、销售、服务和消费方式。因此,工程教育特别是机械工程教育应当更加具有前瞻性、创新性、开放性和多样性,应当更加注重与世界、社会和产业的联系,为服务我国新的"两步走"宏伟愿景做出更大贡献,为实现联合国可持续发展目标发挥关键性引领作用。

需要指出的是,关于智能制造工程人才培养模式和知识体系,社会和学界存在多种看法,许多高校都在进行积极探索,最终的共识将会在改革实践中逐步形成。我们认为,智能制造的主体是制造,赋能是靠智能,要借助数字化、网络化和智能化的力量,通过制造这一载体把物质转化成具有特定形态的产品(或服务),关键在于智能技术与制造技术的深度融合。正如李培根院士在丛书序 1 中所强调的,对于智能制造而言,"无论是互联网、物联网、大数据、人工智能,还是数字经济、数字社会,都应该落脚在制造上"。

经过前期大量的准备工作,经李培根院士倡议,教育部高等学校机械类专业教学指导委员会(以下简称"机械教指委")课程建设与师资培训工作组联合清华大学出版社,策划和组织了这套面向智能制造工程教育及其他相关领域人才培养的本科教材。由李培根院士和雒建斌院士、部分机械教指委委员及主干教材主编,组成了智能制造系列教材编审委员会,协同推进系列教材的编写。

考虑到智能制造技术的特点、学科专业特色以及不同类别高校的培养需求,本套教材开创性地构建了一个"柔性"培养框架:在顶层架构上,采用"主干教材+模块单元教材"的方式,既强调了智能制造工程人才必须掌握的核心内容(以主干教材的形式呈现),又给不同高校最大程度的灵活选用空间(不同模块教材可以组合);在内容安排上,注重培养学生有关智能制造的理念、能力和思维方式,不局限于技术细节的讲述和理论知识的推导;在出版形式上,采用"纸质内容+数字内容"的方式,"数字内容"通过纸质图书中列出的二维码予以链接,扩充和强化纸质图书中的内容,给读者提供更多的知识和选择。同时,在机械教指委课程建设与师资培训工作组的指导下,本系列书编审委员会具体实施了新工科研究与实践项目,梳理了智能制造方向的知识体系和课程设计,作为规划设计整套系列教材的基础。

本系列教材凝聚了李培根院士、雒建斌院士以及所有作者的心血和智慧,是我国智能制造工程本科教育知识体系的一次系统梳理和全面总结,我谨代表机械教指委向他们致以崇高的敬意!

2021 年 3 月

"机器人"这个词出现至今已一百余年,随着全球人工智能和智能装备产业的迅速发展,机器人被广泛应用于工业生产、日常生活、教育娱乐、海洋探测、航空航天、医疗卫生等众多领域。

机器人技术是机械、电子、控制及计算机等多个学科交叉的综合技术。机器人作为"制造业皇冠顶端的明珠",是一个国家高端制造业水平的重要标志。《"十四五"机器人产业发展规划》提到,到2025年我国成为全球机器人技术创新策源地、高端制造集聚地和集成应用新高地。在高端智能制造大背景下,我国机器人产业正迎来高质量发展新机遇。

近年来,机器人技术快速发展,机器人机构的复杂程度也不断提升,随之也出现了很多新型的驱动方式(如智能驱动)以及不同形式的控制算法(如机器人智能控制)。在类人机器人出现之前,仿生机器人也一度成为研究热点。本书重点结合机器人产业新需求和新进展,通过理论讲解与实例解析相结合的方式,从机器人运动学基础到关节与驱动、传感与通信、运动控制与算法、串并联机器人以及仿生机器人,层层递进的顺序进行展开。好比一台正在运转的机器人摆在大家面前,让读者带着好奇心去了解掌握机器人的基本原理、基本技术和典型应用,使读者经历不断剖析、不断提问和不断探索机器人的知识循环学习提升过程。

第1章机器人基础简介,主要从机器人的正向/逆向运动学、动力学的相关概念和建模方法等进行了具体阐述,对机器人学的发展趋势进行了概要介绍。

第2章机器人机构与驱动,主要从机器人的串/并联机构、关节机构、机器人驱动以及机构与驱动的轻量化发展需求等方面进行阐述与分析。

第3章机器人的传感与通信,主要介绍了机器人位置传感、力传感、视觉传感、触觉传感以及机器人之间如何通信等,并精选了机器人视觉传感器的应用作为典型案例进行分析。

第4章机器人运动控制,主要介绍了机器人关节控制、力控制和力/运动混合控制,具体阐述了机器人的经典PID控制、变结构控制、最优控制以及智能控制等运动控制算法,并对机器人智能控制应用进行了典型案例解析。

第5章串/并联机器人,从串/并联机器人的结构组成和运动控制两方面进行了具体阐述和对比分析,并通过实例对常见串联机器人的应用进行了解析。

第 6 章仿生机器人,从仿生机器人的结构组成与分类、驱动与控制、材料与成型以及仿生机器人的运动、仿生机器人的传感等关键方面进行了阐述,并通过精选 3 个典型实例,从水下到陆地再到空中分别对仿生机器人的应用做了综合解析。

本书内容紧贴时代,知识面广,由浅入深,结构清晰,系统性强,突出应用特色,可作为高校机器人相关专业的师生的教材和学习参考书,也可以为从事机器人研发设计与创新应用的科研人员、工程技术人员提供帮助。

本书由广东技术师范大学杨勇、北京大学谢广明任主编,广东技术师范大学张国英、黄福和简月任副主编。特别感谢谢玲、曾梦圆、陈文俊、徐翔翀、李秋晨、邓春婷、罗梓泓、张国泉、梁小凤、叶雅怡等参与本书的文稿收集、整理编辑和加工完善等工作,在此表示衷心的感谢!

受经验和水平所限,书中难免存在不足之处,恳请读者批评指正!

作 者

2023 年 8 月

目 录

CONTENTS

第 1 章　机器人基础简介 ………………………………………………… 1

　1.1　机器人运动学 ………………………………………………… 1

　　1.1.1　机器人基本运动参数 ………………………………… 1

　　1.1.2　机器人正向/逆向运动学建模 ……………………… 4

　1.2　机器人动力学 ………………………………………………… 7

　　1.2.1　机器人动力学模型 …………………………………… 7

　　1.2.2　机器人动力学仿真 …………………………………… 8

　1.3　机器人学的发展趋势 ……………………………………… 10

　习题 ……………………………………………………………… 11

第 2 章　机器人机构与驱动 …………………………………… 12

　2.1　机器人机构简介 …………………………………………… 12

　　2.1.1　机器人的串联机构 …………………………………… 12

　　2.1.2　机器人的并联机构 …………………………………… 12

　　2.1.3　机器人的关节机构 …………………………………… 14

　2.2　机器人驱动简介 …………………………………………… 14

　　2.2.1　机器人步进驱动 ……………………………………… 15

　　2.2.2　机器人伺服驱动 ……………………………………… 16

　　2.2.3　机器人液压驱动 ……………………………………… 17

　2.3　机器人结构与驱动装置的轻量化 ………………………… 20

　　2.3.1　机器人结构轻量化 …………………………………… 21

　　2.3.2　机器人驱动装置轻量化 ……………………………… 21

　习题 ……………………………………………………………… 21

第 3 章　机器人的传感与通信 …………………………………… 22

　3.1　机器人传感简介 …………………………………………… 22

　　3.1.1　机器人位置传感 ……………………………………… 22

　　3.1.2　机器人力传感 ………………………………………… 27

3.1.3 机器人视觉传感 ……………………………… 28

3.1.4 机器人触觉传感 ……………………………… 30

3.2 机器人通信简介 ……………………………………… 32

3.2.1 基本概念 ………………………………………… 32

3.2.2 机器人通信系统 ……………………………… 36

3.2.3 机器人通信软件与编程 ……………………… 39

3.3 机器人通信典型应用案例 …………………………… 39

习题 ……………………………………………………… 45

第4章 机器人运动控制 ………………………………… 46

4.1 机器人运动控制简介 ………………………………… 46

4.1.1 机器人关节控制 ……………………………… 48

4.1.2 机器人的力控制 ……………………………… 52

4.1.3 机器人的力/运动混合控制 …………………… 54

4.2 机器人运动控制算法 ………………………………… 55

4.2.1 经典 PID 控制 ………………………………… 55

4.2.2 变结构控制 ……………………………………… 56

4.2.3 最优控制 ………………………………………… 57

4.2.4 智能控制 ………………………………………… 58

4.3 典型应用案例 ………………………………………… 60

习题 ……………………………………………………… 63

第5章 串/并联机器人 ………………………………… 64

5.1 串/并联机器人简介 ………………………………… 64

5.1.1 串联机器人的结构组成 ……………………… 64

5.1.2 并联机器人的结构组成 ……………………… 65

5.1.3 串/并联机器人的区别与特点 ………………… 68

5.2 典型应用案例 ………………………………………… 69

习题 ……………………………………………………… 77

第6章 仿生机器人 ……………………………………… 78

6.1 仿生机器人简介 ……………………………………… 78

6.1.1 仿生机器人体系结构 ………………………… 78

6.1.2 仿生机器人驱动与控制 ……………………… 80

6.1.3 仿生机器人材料 ……………………………… 83

6.2 仿生机器人运动分类 ………………………………… 88

    6.2.1 爬行运动仿生机器人 ················· 89

    6.2.2 跳跃运动仿生机器人 ················· 90

    6.2.3 飞行运动仿生机器人 ················· 92

    6.2.4 游泳运动仿生机器人 ················· 93

  6.3 仿生机器人的传感················ 95

    6.3.1 光敏传感 ····················· 95

    6.3.2 声敏传感 ····················· 96

    6.3.3 气敏传感 ····················· 98

    6.3.4 触觉传感 ····················· 99

  6.4 典型应用案例：仿生机器蛇应用 ········· 101

参考文献 ···························· 107

第1章

机器人基础简介

1.1　机器人运动学

机器人运动学涉及机器人机构中物体的运动,但运动学问题是在不考虑引起运动的力和力矩的情况下描述机械臂运动。由于机器人机构是为运动而精心设计的,所以运动学是面向机器人设计、分析、控制和仿真的基础。

机器人机构是指由关节连接的刚体所构成的系统。刚体在空间的位置和姿态统称为位姿。因此,机器人运动学描述的是位姿、速度、加速度等以及构成机构的物体位姿的高阶导数。本章重点讨论机器人运动学中的两类基本问题:

(1) 正向运动学,即给定机器人的连杆几何参数和关节变量,以此求解机器人末端执行器相对于参考坐标系的位置和姿态。

(2) 逆向运动学,即已知机器人连杆的几何参数,给定机器人末端执行器相对于参考坐标系的期望位置和姿态,以此反求机器人能够到达该位姿的各关节变量。

综上所述,正向运动学问题就是求解关节坐标的运动学参数,再用这些运动学参数求解笛卡儿坐标系下的相关参数。逆向运动学问题就是求解笛卡儿空间中末端执行器的运动学参数,这些运动参数在关节空间中是必需的。正向运动学通常用于机器人机构的设计与优化、工作空间分析以及运动控制等,而逆向运动学常用于机器人的奇异性分析和轨迹规划等。逆向运动学是高度非线性的,它与正向运动学问题相比通常是非常困难的问题。

1.1.1　机器人基本运动参数

1. 自由度(degrees of freedom)

自由度是机器人的一个重要基本参数,即机器人所具有的独立坐标轴运动的数目是指机器人操作机在空间运动中所需的变量数,通常表示机器人动作的灵活程度。其应包括 3 个转动自由度和 3 个移动自由度,不应包括手爪(末端执行器)

的开合自由度。通常来说,在三维空间中描述一个物体的位姿(位姿是指位置和姿态)需要 6 个自由度。但是,由于工业机器人的自由度是根据其具体用途而设计的,所以其既允许小于 6 个自由度,也允许大于 6 个自由度。目前常见的机器人一般具有 4～6 个自由度。

2. 精度(precision)

精度是机器人的一个重要性能参数,常见的精度指定位精度和重复定位精度。定位精度是指机器人手部实际到达位置与期望位置之间的差距。重复定位精度是指机器人重复定位其手部于同一目标位置的能力,可以用数学上位置误差的离散程度统计量,即"标准偏差"来表示。工业机器人由于要做一些如机械加工之类需要精准定位的工作,因此定位精度这个参数对其而言是非常重要的。

3. 工作范围(operating range)

工作范围是指机器人手臂末端或手腕中心所能到达的所有点的集合,也被称为工作区域。因为末端操作器的尺寸和形状是多种多样的,为了真实反映机器人本身的特征参数,所以这里的工作范围是指不安装末端操作器时的区域。工作范围的形状和大小对机器人而言是十分重要的,机器人在执行作业时可能会因为工作范围的形状和大小导致存在手部不能到达的作业死区(dead zone),进而使其不能完成任务。

4. 速度(velocity)和加速度(acceleration)

速度和加速度是表明机器人运动特性的主要指标,其直接影响工业机器人的工作效率,对工作任务的完成情况有至关重要的作用。在设计机器人时,通常需要提供主要运动自由度的最大稳定速度,但在实际应用中,单纯考虑最大稳定速度是不够的。这是由于驱动器输出功率是有限的,从启动到最大稳定速度或从最大稳定速度到停止都需要一定的时间。因此,需增加有关加速度的内容。

5. 承载能力(bearing capacity)

承载能力是指机器人在指定的工作范围内的任何位姿上所能承受的最大质量。承载能力不仅取决于负载的质量,而且与机器人运行速度和加速度的大小与方向有关。另外,承载能力这一技术指标是针对高速运行状态的,这个指标如果定得不严谨有可能会发生危险,造成不必要的损失。

6. 位置和姿态的表示

为了描述机器人本身各个连杆之间、机器人和被操作对象之间的运动关系,通常将它们都视为刚体,并研究这些刚体之间的运动关系。在空间上,刚体运动学可以被看作针对物体位姿的不同表示方法的对比研究。平移和旋转被合称为刚体的偏移。

表达一个物体的位姿总是需要以其他的物体作参照,故它可被表示为一个坐标系相对于另一个坐标系的位姿。类似地,刚体的偏移可被表示为两个坐标系之间的偏移,其中,可以将一个刚体看作是运动的,而将另一个刚体看作是固定的,固定的坐标系也被称为参考坐标系,简称坐标系。

1）位置的描述（位置矢量与坐标平移）

在直角坐标系$\{A\}$中，可用(3×1)的位置矢量$^A\boldsymbol{P}$将空间内任一点P的位置表示为

$$^A\boldsymbol{P} = \begin{bmatrix} p_x \\ p_y \\ p_z \end{bmatrix} \tag{1-1}$$

其中：p_x，p_y，p_z是点P的三个位置坐标分量。$^A\boldsymbol{P}$的上标A代表参考坐标系$\{A\}$，此处称$^A\boldsymbol{P}$为位置矢量，见图 1-1。

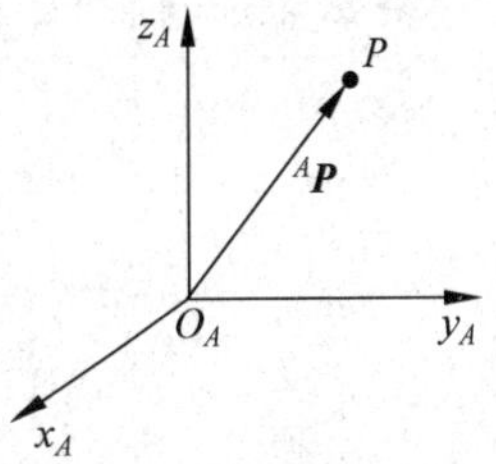

如果用由 4 个数组成的(4×1)列阵表示三维空间直角坐标系$\{A\}$中的点P，则该列阵被称为三维空间点P的齐次坐标，如下：

$$^A\boldsymbol{P} = \begin{bmatrix} p_x \\ p_y \\ p_z \\ 1 \end{bmatrix} \tag{1-2}$$

图 1-1 位置表示

齐次坐标并不是唯一的，当列阵的每一项分别乘以一个非零因子ω时，即

$$^A\boldsymbol{P} = \begin{bmatrix} p_x \\ p_y \\ p_z \\ 1 \end{bmatrix} = \begin{bmatrix} a \\ b \\ c \\ \omega \end{bmatrix} \tag{1-3}$$

其中：$a = \omega p_x$；$b = \omega p_y$；$c = \omega p_z$。该列阵也可以表示P点。

2）方位的描述（旋转矩阵与坐标旋转）

研究机器人的运动与操作，不仅要表示空间中某个点的位置，还需要表示物体的方位。物体的方位可由某个固连于该物体的坐标系来描述。为了规定空间某刚体B的方位，可设另一直角坐标系$\{B\}$与该刚体固连，用坐标系$\{B\}$的三个单位主矢量$\boldsymbol{x}_B$，$\boldsymbol{y}_B$，$\boldsymbol{z}_B$相对于参考坐标系$\{A\}$的方向余弦组成的(3×3)矩阵

$$^A_B\boldsymbol{R} = \begin{bmatrix} ^A\boldsymbol{x}_B & ^A\boldsymbol{y}_B & ^A\boldsymbol{z}_B \end{bmatrix} = \begin{bmatrix} r_{11} & r_{12} & r_{13} \\ r_{21} & r_{22} & r_{23} \\ r_{31} & r_{32} & r_{33} \end{bmatrix}$$

$$= \begin{bmatrix} \cos(\boldsymbol{x}_A, \boldsymbol{x}_B) & \cos(\boldsymbol{x}_A, \boldsymbol{y}_B) & \cos(\boldsymbol{x}_A, \boldsymbol{z}_B) \\ \cos(\boldsymbol{y}_A, \boldsymbol{x}_B) & \cos(\boldsymbol{y}_A, \boldsymbol{y}_B) & \cos(\boldsymbol{y}_A, \boldsymbol{z}_B) \\ \cos(\boldsymbol{z}_A, \boldsymbol{x}_B) & \cos(\boldsymbol{z}_A, \boldsymbol{y}_B) & \cos(\boldsymbol{z}_A, \boldsymbol{z}_B) \end{bmatrix} \tag{1-4}$$

来表示刚体B相对于坐标系$\{A\}$的方位。此时$^A_B\boldsymbol{R}$被称为旋转矩阵。在式（1-4）中，上标A代表参考坐标系$\{A\}$，下标B代表被描述的坐标系$\{B\}$。$^A_B\boldsymbol{R}$共有 9 个元

素,但只有 3 个元素是独立的,这是因为 $_B^A\mathbf{R}$ 的 3 个列矢量都是单位矢量且两两相互垂直,故它的 9 个元素将满足 6 个约束条件(正交条件)如下:

$$^A\mathbf{x}_B \cdot {}^A\mathbf{x}_B = {}^A\mathbf{y}_B \cdot {}^A\mathbf{y}_B = {}^A\mathbf{z}_B \cdot {}^A\mathbf{z}_B = 1 \qquad (1\text{-}5)$$

$$^A\mathbf{x}_B \cdot {}^A\mathbf{y}_B = {}^A\mathbf{y}_B \cdot {}^A\mathbf{z}_B = {}^A\mathbf{z}_B \cdot {}^A\mathbf{x}_B = 0 \qquad (1\text{-}6)$$

因此,旋转矩阵 $_B^A\mathbf{R}$ 是正交的,并且满足条件

$$_B^A\mathbf{R}^{-1} = {}_B^A\mathbf{R}^{\mathrm{T}}; \qquad |{}_B^A\mathbf{R}| = 1 \qquad (1\text{-}7)$$

其中:上标 T 表示转置;"| |"为行列式符号。

绕 x 轴、y 轴和 z 轴旋转 θ 角的 **旋转矩阵** 分别为

$$\mathbf{R}(x,\theta) = \begin{bmatrix} 1 & 0 & 0 \\ 0 & \cos\theta & -\sin\theta \\ 0 & \sin\theta & \cos\theta \end{bmatrix} \qquad (1\text{-}8)$$

$$\mathbf{R}(y,\theta) = \begin{bmatrix} \cos\theta & 0 & \sin\theta \\ 0 & 1 & 0 \\ -\sin\theta & 0 & \cos\theta \end{bmatrix} \qquad (1\text{-}9)$$

$$\mathbf{R}(z,\theta) = \begin{bmatrix} \cos\theta & -\sin\theta & 0 \\ \sin\theta & \cos\theta & 0 \\ 0 & 0 & 1 \end{bmatrix} \qquad (1\text{-}10)$$

3) 刚体位姿的描述

机器人的每一个连杆均可被视为一个刚体,若给定了刚体上某一点的位置和该刚体在空间中的姿态,且这个刚体在空间上是唯一确定的,则可用唯一一个位姿矩阵对其进行描述。

前面已经讨论了采用位置矢量来描述空间点的位置,并用旋转矩阵描述物体的方位的方法。为了完全描述刚体 B 在空间的位姿,通常可将刚体 B 与某一坐标系$\{B\}$固连。$\{B\}$坐标系的原点一般可选在刚体的特征点上,如质心或者对称中心等。相对参考坐标系$\{A\}$,坐标系$\{B\}$的原点位置和坐标轴的方位分别由位置矢量 $_B^A\mathbf{P}$($\{B\}$相对于$\{A\}$的平移矢量)和旋转矩阵 $_B^A\mathbf{R}$ 来描述。这样就可以用如下 (4×4) 的位姿矩阵来描述刚体 B 的位姿

$$\mathbf{T} = \begin{pmatrix} _B^A\mathbf{R} & _B^A\mathbf{P} \\ 0 & 1 \end{pmatrix} \qquad (1\text{-}11)$$

当该矩阵仅表示位置时,式(1-11)中的旋转矩阵 $_B^A\mathbf{R} = \mathbf{I}$(单位矩阵);当仅表示方位时,式(1-11)中的位置矢量 $_B^A\mathbf{P} = \mathbf{0}$。

1.1.2 机器人正向/逆向运动学建模

正向运动学就是在已知关节变量的情况下求末端位姿,逆向运动学则是已知末端位姿的情况下反求关节变量。两个概念所解决的问题不一样,正向运动学就

是本来的顺序,因为关节变量才有的末端位姿,这是常规的思维方式。但在实际机器人的工作过程中更多情况是需要让机器人完成一个动作,即已知末端的情况,需反求各个关节变量,所以需用到机器人的逆向运动学,也即求关节变量的方法。

机器人运动学方程求解方法:

(1) 代数法。通过逐次在运动学方程式的两边同时乘上一个齐次变换的逆矩阵,达到分离变量的目的。

(2) 几何法。通过几何图形求解角度值,求解过程中利用正弦定理、余弦定理、反正切函数等求解角度。

机器人运动学模型是基于坐标变换求得的。为机器人正向运动学建模通常使用 D-H 法。

D-H 法是由 Denavit 和 Hartenberg 于 1955 年提出的一种通用的机器人运动建模方法,是建立机器人各个关节间的齐次变换矩阵的通用方法。其规则简单且严格定义了每个坐标系的坐标轴,并对连杆和关节定义了 4 个参数,即 a_{i-1}、α_{i-1}、d_i、θ_i,用来描述连杆之间的运动关系,这些参数简称为 D-H 参数。

可以将机器人看作是由一系列连杆通过关节串联而成的运动链。连杆能保持两端的关节轴线具有固定的几何关系,其特征由 a_{i-1} 和 α_{i-1} 两个参数进行描述。如图 1-2 所示,a_{i-1} 为连杆长度,表示轴 $i-1$ 和轴 i 的公垂线长度。α_{i-1} 为连杆转角,表示轴 $i-1$ 和轴 i 在垂直于 a_{i-1} 的平面内夹角。

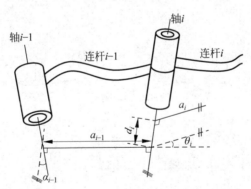

图 1-2　机器人的连杆参数

相邻两个连杆 $i-1$ 和连杆 i 之间有一个公共的关节轴 i,连杆连接由 d_i 和 θ_i 两个参数进行描述。d_i 为连杆偏距,表示公垂线 a_{i-1} 和公垂线 a_i 沿公共轴线关节轴 i 方向的距离。θ_i 为关节角,表示公垂线 a_{i-1} 的延长线和公垂线 a_i 绕公共轴线关节轴 i 旋转的夹角。当关节为移动关节时,d_i 为关节变量。当关节为转动关节时,θ_i 为关节变量。

在研究机器人连杆之间的位置关系时,首先需要在机器人的每个连杆上分别建立一个连杆坐标系,然后描述这些坐标系之间的关系。此时通常从机器人的固定基座开始对连杆进行编号,固定基座可记为连杆 0,第一个可动连杆为连杆 1,机器人末端的连杆为连杆n,以此类推。相应地,与连杆n固连的坐标系记为坐标系$\{N\}$。

对此可以设计详细的坐标系,建立步骤如下:

(1) 找出各关节轴,并标出这些轴线的延长线。在下面的步骤(2)~步骤(5)中,仅考虑两个相邻的轴线(关节轴i和$i+1$)。

(2) 找出关节轴i和$i+1$之间的公垂线或关节轴i和$i+1$的交点,以关节轴i和$i+1$的交点或者公垂线与关节轴i的交点作为连杆坐标系$\{i\}$的原点。

(3) 规定Z_i轴沿关节轴i的指向。

(4) 规定X_i轴沿公垂线从关节轴i到关节轴$i+1$,如果关节轴i和关节轴$i+1$相交,则规定X_i轴垂直于关节轴i和关节轴$i+1$所在的平面。

(5) 按照右手定则确定Y_i轴。

(6) 当第一个关节变量为0时,规定坐标系$\{0\}$和坐标系$\{1\}$重合。对于坐标系$\{N\}$,其原点和X_n的方向可以任意选取,但是选取时通常尽量使连杆参数为0。

按照上述步骤建立的坐标系如图1-3所示,可以定义连杆参数如下:

a_{i-1}——沿X_{i-1}轴,从Z_{i-1}移动到Z_i的距离;

α_{i-1}——绕X_{i-1}轴,从Z_{i-1}旋转到Z_i的角度;

d_i——沿Z_i轴,从X_{i-1}移动到X_i的距离;

θ_i——绕Z_i轴,从X_{i-1}旋转到X_i的角度。

当然,由于Z_i轴和X_i轴的指向均有两种选择,所以按照上述方法建立的连杆坐标系并不是唯一的。

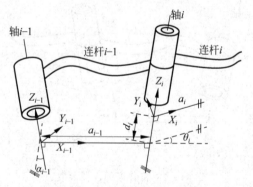

图 1-3　机器人连杆坐标系的建立

建立好了连杆的坐标系,根据坐标系的建立步骤和D-H参数,为了推导机器人坐标系$\{i\}$相对于坐标系$\{i-1\}$的齐次变换矩阵,可以将坐标系$\{i-1\}$到坐标系$\{i\}$的变换过程分解为以下步骤:

(1) 将坐标系$\{i-1\}$绕X_{i-1}轴旋转α_{i-1}角,使Z_{i-1}轴与Z_i轴平行;

(2) 将坐标系$\{i-1\}$沿当前X_{i-1}轴平移距离a_{i-1},使Z_{i-1}轴与Z_i轴重合;

(3) 将坐标系$\{i-1\}$绕当前Z_i轴旋转θ_i角,使X_{i-1}轴与X_i轴平行;

(4) 沿Z_i轴平移距离d_i,使坐标系$\{i-1\}$与坐标系$\{i\}$完全重合。

以上每一步变换可以分别写出一个齐次变换矩阵,由于变换是相对于动坐标系的,所以将 4 个变换矩阵依次右乘可以得到坐标系$\{i\}$相对于坐标系$\{i-1\}$的齐次变换矩阵:

$$_i^{i-1}\boldsymbol{T} = \mathrm{Rot}(X, \alpha_{i-1})\mathrm{Trans}(a_{i-1}, 0, 0)\mathrm{Rot}(Z, \theta_i)\mathrm{Trans}(0, 0, d_i) \quad (1\text{-}12)$$

坐标变换总体思想:首先给每个关节指定坐标系,然后确定从一个关节到下一个关节进行变化的步骤,这体现在两个相邻参考坐标系之间的变化。将所有变化结合起来,用这些连杆变换矩阵连乘就可以计算出坐标系$\{N\}$相对于坐标系$\{0\}$的变换矩阵:

$$_0^N\boldsymbol{T} = _0^1\boldsymbol{T}\,_1^2\boldsymbol{T}\,_3^2\boldsymbol{T}\cdots_{N-1}^N\boldsymbol{T} \quad (1\text{-}13)$$

1.2　机器人动力学

动力学分析是进行机器人动态特性研究和系统运动控制的基础,其主要研究机器人运动对力和力矩的响应,从这一点来说,运动学是每一个动力学系统的组成部分。机器人是一个非线性的、复杂的动力学系统,其动力学问题的求解比较困难,也需要较长的运算时间。因此,简化求解过程、优化动力学在线计算时间是一个长期受关注的研究课题。

与机器人的运动学类似,机器人的动力学也存在两个基本问题,即:

(1) 机器人动力学正向问题:已知机器人各关节所需的驱动力或力矩,求解其各关节的位移、速度和加速度。从控制的角度讲,正向问题用于运动的动态仿真。

(2) 机器人动力学逆向问题:已知各关节的位移、速度和加速度(已知关节空间的轨迹或末端执行器在笛卡儿空间的轨迹已确定),求解机器人各关节所需的驱动力或力矩。

1.2.1　机器人动力学模型

动力学的建模方法主要有三种:牛顿-欧拉方程法、拉格朗日方程法和虚功原理法。

牛顿-欧拉方程法主要根据牛顿方程和欧拉方程对机构的质量、惯性张量、力、力矩和加速度进行描述,适用于一般机器人的动力学分析,在这一法则中必须计算出每个支链和运动平台的运动方程,因此不可避免地会产生大量的方程,这直接导致了计算效率的低下;虚功原理法是基于理论力学中虚功原理的一种动力学建模方法,其通过推导空间内各机构速度和加速度与驱动副速度和加速度的映射关系来建立系统的动力学方程,虽然其格式统一、计算快速,但在处理受完整理想约束的力学平衡问题时坐标系的选择往往有条件限制;拉格朗日方程法是基于最省力法则建立的,以紧凑的解析形式给出运动方程式,该式包含惯性矩阵、离心力与哥氏力矩阵、重力向量,系统、直观且便于理解。下面着重介绍拉格朗日方程法。

拉格朗日方程法最初由保守系中的积分汉密尔顿法则推导而来,该法则的内容是:系统从时间 t_1 到 t_2 的运动为线积分 $I = \int_{t_1}^{t_2} L\,\mathrm{d}t$,其中,$L = K - P$,动能 K 与势能 P 之间的差为运动路径的最小值。此处可以合理地将线积分 I 看作运动中的"功"。因为移动系统的动能是位置和速度的标量函数,所以机器人系统的总动能可以为:$K = K(q, \dot{q}) = \dfrac{1}{2} \dot{q}^{\mathrm{T}} M(q) \dot{q}$,二次型中所有系数都是 n 阶增广正定对称矩阵 $M(q)$,其被称为机器人的惯性矩阵,而保守势能的仅仅是位置的标量函数 $P = P(q)$,线积分中的标量函数 L 变为 $L = (q, \dot{q}) = K(q, \dot{q}) - P(q)$,其被称为给定系统的拉格朗日算子。

根据数学中著名的变分法,使保守力无动力系统 I 最小的拉格朗日运动方程为

$$\frac{\mathrm{d}}{\mathrm{d}t}\left(\frac{\partial \boldsymbol{L}}{\partial \dot{\boldsymbol{q}}}\right) - \frac{\partial \boldsymbol{L}}{\partial \boldsymbol{q}} = \boldsymbol{0} \tag{1-14}$$

这是一个以向量形式表示的齐次方程式,也就是说式中的每一项都是具有相同维度的向量场,同时局部坐标系 $q \in \mathbf{R}^n$。现在,如果一个外部力/力矩向量 $\boldsymbol{\tau} \in \mathbf{R}^n$ 作用在系统上,则拉格朗日方程就变为非齐次的:

$$\frac{\mathrm{d}}{\mathrm{d}t}\left(\frac{\partial \boldsymbol{L}}{\partial \dot{\boldsymbol{q}}}\right) - \frac{\partial \boldsymbol{L}}{\partial \boldsymbol{q}} = \boldsymbol{\tau} \tag{1-15}$$

式中:$\boldsymbol{q} = [q_1, q_2, \cdots, q_n]^{\mathrm{T}}$ 表示具有完整理想约束的 n 自由度并联机构的广义坐标;$\boldsymbol{\tau} = [\tau_1, \tau_2, \cdots, \tau_n]^{\mathrm{T}}$ 为广义力/力矩向量;L 为拉格朗日算子,表达式为 $L = \boldsymbol{E}_k - \boldsymbol{E}_p$。$\boldsymbol{E}_k$ 为系统的总动能,$\boldsymbol{E}_p$ 为系统的总势能。根据复合函数的链式求导法则,并考虑机构的 $\boldsymbol{E}_p$ 中不包含 $\dot{\boldsymbol{q}}$ 项,式(1-15)可展开为

$$\frac{\mathrm{d}}{\mathrm{d}t}\left(\frac{\partial \boldsymbol{E}_k}{\partial \dot{\boldsymbol{q}}}\right) - \frac{\partial \boldsymbol{E}_k}{\partial \boldsymbol{q}} + \frac{\partial \boldsymbol{E}_p}{\partial \boldsymbol{q}} = \boldsymbol{\tau} \tag{1-16}$$

1.2.2　机器人动力学仿真

以 2R1T(两转一移)三自由度并联机构为例(见图 1-4),其各项参数如表 1-1 所示。

图 1-4　并联手腕样机图

表 1-1　机构的样机参数表

参　　　数	数　　　值
动、定平台半径 r/mm	20
主、从动杆等效长度 l/mm	100
动平台质量 m_{m}/kg	7.862×10^{-3}

续表

参　数	数　值
主动杆质量 m_a/kg	2.4709×10^{-2}
从动杆质量 m_s/kg	2.8243×10^{-2}

以下将选取机构的单自由度平移、单自由度旋转以及复合运动等三种典型运动情况,利用 ADAMS 动力学仿真软件分别对每种运动情形进行逆动力学计算与仿真:

(1) 单自由度平移,即沿 $\overrightarrow{O_B O_D}$ 方向作纯平移运动。此时可定义动平台的运动轨迹为

$$\begin{cases} x = 0 \\ y = 0 \\ z = 80.19\cos(\pi t/6) + 183.2\sin(\pi t/6) \end{cases}, \quad t \in [0,1] \qquad (1\text{-}17)$$

单自由度平移时各参数(τ_1, τ_2, τ_3)的仿真值与其计算值的对比如图 1-5 所示。

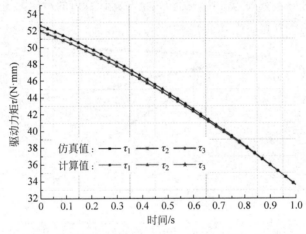

图 1-5　单自由度平移时各参数(τ_1, τ_2, τ_3)的仿真值与其计算值的对比

(2) 单自由度旋转,如固定关节 S_1,S_2,让 S_3 自由运动。此时可定义动平台的运动轨迹为

$$\begin{cases} x = 9.875t^2 + 29.05t - 0.1055 \\ y = 0 \\ z = -13.16t^2 + 33.9t + 80 \end{cases}, \quad t \in [0,1] \qquad (1\text{-}18)$$

单自由度旋转时各参数(τ_1, τ_2, τ_3)的仿真值与其计算值的对比如图 1-6 所示。

(3) 复合运动(旋转的同时进行平移运动)。此时可定义动平台的运动轨迹为

$$\begin{cases} x = -13.63t^2 - 25.99t + 0.4965 \\ y = 16.29t^2 + 11.37t + 0.08299, \quad t \in [0,1] \\ z = -30.81t^2 + 101.6t + 79.65 \end{cases} \qquad (1\text{-}19)$$

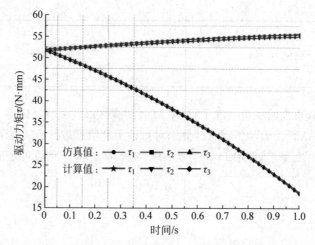

图 1-6 单自由度旋转时各参数(τ_1, τ_2, τ_3)的仿真值与其计算值的对比

复合运动时各参数(τ_1, τ_2, τ_3)的仿真值与其计算值的对比如图 1-7 所示。

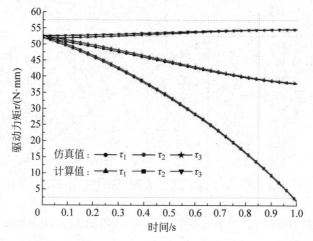

图 1-7 复合运动时各参数(τ_1, τ_2, τ_3)的仿真值与其计算值的对比

1.3 机器人学的发展趋势

机器人是最典型的机电一体数字化装备,其技术附加值较高,应用范围较广,作为先进制造业的支撑技术和信息化社会的新兴产业,机器人将对未来生产和社会发展起到越来越重要的作用。同时,作为智能化工厂的重要组成部分,机器人的未来发展前景广阔,尤其是在以中国为代表的亚洲市场,机器人正处于爆发式增长阶段,正处于相关技术发展的黄金时期。

工业机器人领域有如下几个值得关注的发展趋势:

（1）机器人不断朝着高速度、高精度、高可靠性等方向发展，随着大规模的推广价格正不断下降。

（2）机械结构模块化，如关节模块中的伺服电动机、减速机、检测系统等，为其子模块的三位一体化。国外已有模块化的装配机器人产品问世。同时，机器人的控制系统也向着基于 PC 的开放型控制器方向发展，趋向于标准化、网络化。

（3）传感器作用突出。机器人本身大量采用位置、速度、加速度等传感器，并越来越多地集成用于辅助视觉、力、声觉、温度的传感器，其感知能力越来越强。

机器人传感技术是实现机器人智能化的关键技术之一。在工业自动化领域，机器需要传感器提供必要的信息，以正确地执行相关的操作。目前，机器人已经开始应用大量的传感器以提高其适应能力，除了机器人自身内部的位置、速度、加速度传感器外，还可以辅助大量的外部传感器，如视觉、力、触觉、安全、跟踪等传感器。

（4）虚拟现实技术已成熟运用在仿真、离线编程、远程监控等领域，更是可以借自动语音应答（IVR）技术让操作者在身临其境的虚拟环境下远程操作与控制机器人。

多媒体和虚拟现实（virtual reality，VR）技术是新近研究的智能技术，它是一种将事件的现实性从时间和空间上进行分解后重新组合的技术。这一技术包括三维计算机图形学技术、多功能传感器的交互接口技术以及高清晰度的显示技术。虚拟现实技术可应用于遥控机器人和临场感通信等。

（5）人机协作。近年来工业机器人在人机协作方面取得了突破性进展，机器人会更柔性化，工业机器人与人的协作非常重要，因此，出现了"协作机器人"。

协作机器人拥有两个特点：一个是机器与人的互动，互相合作；另一个是机器人的编程和维护非常方便。这种在协作方向较为优越的新型机器人能够真正和人类员工一起并肩工作，执行任务更加提质增效。从安全防护网走出来的协作机器人在克服了自身的安全隐患，证明自己可以与人并肩工作后，等待它们的是更加多样化的工作任务和工作环境。

习题

1. 利用拉格朗日方程法，建立一平面二连杆机械臂的动力学模型。
2. 结合个人的理解，总结一下机器人学的发展趋势。

第2章

机器人机构与驱动

2.1 机器人机构简介

机构有着明确的定义,其是由原动件和机架组成的,具有确定运动的运动链。研究机构的学科被称为机构学,是机械原理的重要分支。根据机构中各构件的相对运动是在二维平面内还是在三维空间中,可将机构分为平面机构和空间机构两大类。机构决定了机器人的结构类型,绝大部分机器人属于空间机构,少部分属于平面机构。

这里重点讨论三大类机器人机构:串联机构、并联机构和关节机构。

2.1.1 机器人的串联机构

串联机构(serial mechanism,SM)是从基座开始由连杆和关节顺序连接而构成的开式链机构。串联机构常用一串运动副符号来表示,如 RCCC。这组符号反映了其空间机构的主要特点,它给出了从输入到输出所有运动副的个数及对应的符号,每一位符号都表示一个连接机架和输入杆的运动副,如 R 为转动副,后面三个 C 均为圆柱副。

典型的串联机器人机构包括例子有六自由度工业机器人、四自由度码垛机器人等,如图 2-1 所示。

2.1.2 机器人的并联机构

并联机构(parallel mechanism,PM)是动平台和静平台通过至少两条独立的运动链相连接,具有两个或两个以上自由度且以并联方式驱动的一种闭链机构。从机构学的角度出发,只要是多自由度的,驱动器分配在不同环路上的并联多环机构都可以称为并联机构。

并联机器人(parallel robot),顾名思义就是采用并联机构的机器人。典型的

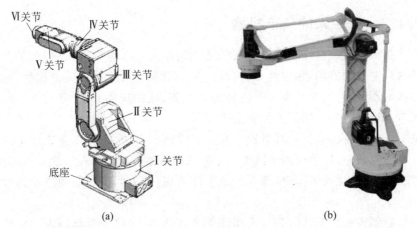

(a)　　　　　　　　　　　　　　　　　(b)

图 2-1　典型串联机器人

(a) 六自由度工业机器人；(b) 四自由度码垛机器人

并联机器人机构包括六自由度 Stewart 机构、四自由度 Delta 机构等,如图 2-2 所示。

(a)　　　　　　　　　　　　　　　　(b)

图 2-2　典型并联机器人机构

(a) 六自由度 Stewart 机构；(b) 四自由度 Delta 机构

在表示并联机构时,可以将其每条分支中支链的基本副数和数字链连接起来,如 6-5-4 表示有 3 条分支,每条分支中支链的基本副数分别为 6、5、4。如果并联机构的分支链是对称结构形式,则可将其简化为下面的表示方法:6-SPS 并联机构(如图 2-2 中的 Stewart 机构),表示该机构由 6 个支链连接运动和固定平台,其各分支结构是对称的,并且每一个分支都是由球副-移动副-球副构成的。该表示法中机构名称开头的数字表示其机构的分支数,后面的字母表示其分支链的结构。若并联机构上、下平台有不同数目的球铰,则其可用两位数字表示,如 3/6-SPS 机构,表示上平台是三角形,有 3 个球副,下平台是六边形,有 6 个球副。

2.1.3　机器人的关节机构

关节是机器人连杆接合部位形成的运动副。对大多数机器人而言,关节只能是旋转式或者移动式的,相应地,这两种关节分别被定义为旋转关节和移动关节。根据结构的不同,可将旋转关节分为柱面式关节、球面式关节,将移动关节分为平面式关节、棱柱式关节、螺旋式关节。

关节机器人也称关节手臂机器人或关节机械手臂,是当今工业领域中最常见的工业机器人之一,广泛应用于诸多工业领域的机械自动化作业。比如,在自动装配、喷漆、搬运、焊接等工作中,都得到了实际的应用,大大提高了制造业的智能化水平。

关节机器人可根据其构造与工作性质进行分类,按照关节机器人的构造可将其分为以下几类:

(1)五轴或六轴关节机器人,如图 2-3(a)所示:拥有五个或六个旋转轴,类似于人类的手臂。

(2)托盘关节机器人,如图 2-3(b)所示:拥有两个或四个旋转轴,以机械抓手的定位来锁紧装置。

(3)平面关节机器人 SCARA,如图 2-3(c)所示:由三个互相平行的旋转轴和一个线性轴组成。

　　　　(a)　　　　　　　　　　　(b)　　　　　　　　　　　(c)

图 2-3　关节机器人

(a) 六轴关节机器人;(b) 托盘关节机器人;(c) 平面关节机器人 SCARA

此外,还可以按照关节机器人的工作性质分类,如搬运机器人、点焊机器人、弧焊机器人、喷漆机器人、激光切割机器人等。

2.2　机器人驱动简介

机器人连杆的运动来自机器人关节驱动机构。一个机器人关节驱动机构至少应包括三个组成部分:关节、驱动装置和传动装置。

　　机器人关节驱动装置是机器人的动力来源,它又可分为液压式、气动式、电磁式和广义元件式。液压式驱动装置的能量来自发动机或电动机驱动的高压流体泵,如柱塞泵、叶片泵等,其存在耗能大、漏液、维护费用高等缺点,因而限制了其在机器人中的应用;气动式驱动装置以气缸为动力源,具有简单易用、成本低等优势,主要运用在一些由于安全、环境和应用场所导致电磁驱动不能满足设计要求的场合;电磁式驱动是最常见的机器人关节驱动方式,由于电机具有启动速度快、调试范围宽、过载能力强的优势,因而得到了广泛应用,其可根据工作状况采用直流伺服电机、交流伺服电机或步进电机作为驱动元件。除了以上几种驱动装置外,各种广义元件也已应用于机器人中,如电磁铁、形状记忆合金(SMA)、压电晶体、人工肌肉等。

　　机器人关节传动装置的作用是将机械动力从驱动装置转移至执行元件。传动装置一般具有固定的传动比,常用的基本传动装置包括齿轮组、行星齿轮、齿轮-齿条、蜗轮-蜗杆、同步带、绳索、丝杠、连杆机构、专用减速部件(如 RV 减速器、谐波减速器)等种类。为满足特定的设计要求,在实际工程中,往往需要将各种基本传动装置组合起来使用。例如,在仿人机器人关节中采用的"伺服电机-行星齿轮-同步带-谐波减速器-关节轴"的传动方式就组合了多种传动装置。

2.2.1　机器人步进驱动

1. 步进电动机的工作原理

　　步进电动机(图 2-4)是将电脉冲信号转变为角位移或线位移的开环控制元步进电机件,其通过控制施加在电机线圈上的电脉冲顺序、频率和数量,可以实现对步进电机的转向、速度和旋转角度等项目的控制。

　　步进电机的驱动器可根据外来的控制脉冲和方向信号以及其内部的逻辑电路控制绕组以一定的时序正向或反向通电,使电机正向/反向旋转或者锁定。

　　以 1.8 度两相步进电机(见图 2-5)为例:当两相绕组都通电励磁时,电机输出轴将静止并锁定位置,在额定电流下使电机保持锁定的最大力矩为保持力矩。如果其中一相绕组的电流发生变向,则电机将顺着一个既定方向旋转一步(1.8°)。同理,如果是另外一相绕组的电流发生变向,则电机将顺着与前者相反的方向旋转一步(1.8°)。当通过线圈绕组的电流按顺序依次变向励磁时,电机会顺着

图 2-4　步进电动机

既定的方向实现连续旋转步进。这种步进电机的运行精度非常高,其旋转一周需200 步。

2. 步进电动机的基本概念

　　(1)步进电动机的相数是指电动机内部的线周组数。相数不同,电动机步距

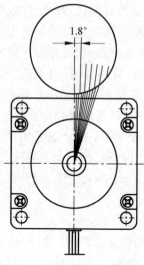

图 2-5　1.8°两相步进电机

角也不同。在混合式步进电动机中,一般两相电动机的步距角为 0.9°/1.8°;三相电动机的步距角为 0.75°/0.5°;五相电动机的步距角为 0.361°/0.72°。增加相数可以提高步进电动机的性能,但其结构和驱动电源会更复杂,成本也会增加。

(2)步进电动机的拍数是指完成一个磁场周期性变化所需要的脉冲数或导电状态(用"m"表示),或指电动机转过一个齿距角所需要的脉冲数。

(3)步距角是指对应一个脉冲信号的电动机转子转过的角位移。

(4)保持转矩是指在步进电动机通电但没有转动时,定子锁住转子的力矩。

(5)失步是指电动机运转时运转的步数,其并不等于理论上的步数。

2.2.2　机器人伺服驱动

根据所驱动的电动机类型可将电气伺服系统分为直流(DC)伺服系统和交流(AC)伺服系统。

1. 直流伺服电动机驱动

直流伺服电动机包括定子、转子铁芯、电机转轴、伺服电动机绕组换向器、伺服电动机绕组、测速电动机绕组、测速电动机换向器等零部件,其转子铁芯由矽钢冲片叠压固定在电机转轴上构成,图 2-6 为永磁式直流伺服电动机的剖面图。

光电编码器　电刷　换向器　永久磁铁　电枢线圈

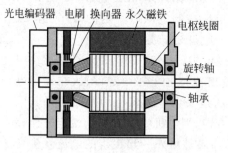

旋转轴
轴承

图 2-6　永磁式直流伺服电动机的剖面图

伺服主要靠脉冲来定位,简单地说,伺服电动机接收到一个脉冲就会旋转一个脉冲对应的角度,从而实现位移。伺服电动机本身具备发出脉冲的功能,所以其每旋转一个角度都会发出对应数量的脉冲,并和其接受的脉冲形成呼应,也即为闭环。如此一来,控制系统就会知道发了多少脉冲给伺服电机,同时又收了多少脉冲回来,以此就能够很精确地控制电机的转动,从而实现精确的定位,最小的定位精度可达到 0.001mm。

直流伺服电动机驱动器多采用脉宽调制(PWM)伺服驱动器,通过改变脉冲宽度来改变施加在电动机电枢两端的平均电压,从而改变电动机的转速。

PWM 伺服驱动器具有调速范围宽、低速特性好、响应快、效率高、过载能力强等特点,其常作为工业机器人的直流伺服电动机驱动器。

2. 交流伺服电动机驱动

在交流伺服电动机运转时,除了要求电动机不能"自转"外,还要求改变加在控制绕组上的电压的大小和相位,以此来控制电动机转速的大小和方向。

根据旋转磁动势理论,励磁绕组和控制绕组共同作用产生的是一个旋转磁场,旋转磁场的旋转方向是从相位超前的绕组转向相位滞后的绕组。改变控制绕组中控制电压的相位,可以改变两相绕组的超前与滞后关系,从而改变旋转磁场的旋转方向,交流伺服电动机转速方向也会发生变化,改变其控制电压的大小和相位,就可以改变旋转磁场的磁通,从而改变电动机的电磁转矩,此时,交流伺服电动机的转速便会发生变化。

与直流伺服电动机驱动系统相比,交流伺服电动机驱动系统具有转矩转动惯量比高、无电刷及换向火花等优点,在工业机器人中得到了广泛应用。

同步式交流伺服电动机驱动器通常采用电流型脉宽调制相逆变器和具有电流环为内环、速度环为外环的多闭环控制系统,以此来实现对三相永磁同步伺服电动机的电流控制。根据其工作原理、驱动电流波形和控制方式的不同,又可将其分为以下两种伺服系统:

(1) 矩形波电流驱动的永磁交流伺服系统;

(2) 正弦波电流驱动的永磁交流伺服系统。

采用矩形波电流驱动的永磁交流伺服电动机称为无刷直流伺服电动机,采用正弦波电流驱动的永磁交流伺服电动机(见图 2-7)称为无刷交流伺服电动机。

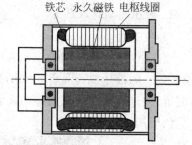

图 2-7　永磁交流伺服电动机的剖面图

2.2.3　机器人液压驱动

1. 液压驱动原理

机器人液压伺服驱动系统(见图 2-8)是把从油压泵产生的工作油的压力能转变成机械能的装置。在液压执行器被驱动时,其外围设备主要包括:

(1) 形成液压的液压泵;

(2) 供给工作油的导管;

(3) 控制工作油流动的液压控制阀;

（4）控制液压阀的控制回路。

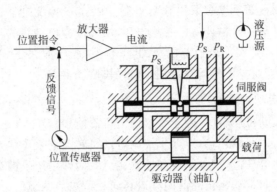

图 2-8　液压伺服驱动系统

根据液压执行器输出能量的形式，大致可以把它们分为做直线运动的油压缸和做旋转运动的油压马达等两类。

液压驱动功率-重量比高，低速时输出力大（无论是直线驱动还是旋转驱动），适合微处理器及电子控制，可用于极端恶劣的外部环境。但液压系统存在泄漏、噪声等问题以及非常笨重等缺点。

现在大部分机器人采用电机驱动的方式，当然仍有许多工业机器人带有液压驱动器。此外，对于一些需要巨大型机器人和民用服务机器人的特殊应用场合而言，液压驱动器仍可能是较为合适的选择。

2. 液压驱动组成部分

1）液压缸

液压缸（图 2-9）是将液压能转变为机械能，驱动执行机构做直线往复运动（或摆动运动）的液压执行元件。它结构简单、工作可靠，在实现往复运动时不需要减速装置，并且具有无传动间隙和运动平稳的特性，在各种机械的液压系统中都得到了广泛应用。

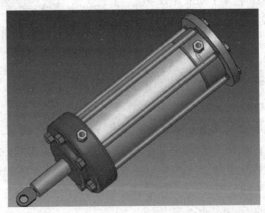

图 2-9　液压缸

2）液压马达

液压马达分为齿轮马达、叶片型马达、柱塞式马达三种。

（1）齿轮马达。如图 2-10(a)所示，为了适应正反转要求，齿轮马达在结构上将进出油口设计为对称式，且具有单独外泄油口，可将轴承部分的泄漏油引出壳体外。为了减少启动摩擦力矩，其通常采用滚动轴承，而为了减少转矩脉动，齿轮液压马达的齿数应设计得比泵的齿数多。由于存在密封性差、容积效率较低、输入油压力不能过高、不能产生较大转矩且瞬间转速和转矩会随着啮合点的位置变化而变化等缺点，齿轮液压马达通常仅适用于高速小转矩的场合，如工程机械、农业机械以及对转矩均匀性要求不高的机械设备等。

（2）叶片型马达。如图 2-10(b)所示，叶片型马达是靠工作叶片两侧分别承受进、回油压力时产生的液压扭矩来驱动的。它与叶片泵在结构上的主要差异有以下两点：①马达必须有叶片压紧机构，以保证启动前叶片能贴紧定子内表面，否则无法启动。②泵只需单方向转动，而马达常需正、反转。因此，马达的叶片一律径向放置，叶片顶端左右对称，两个主油口口径相同。当轴承处需要泄油时，必须有单独通油箱的泄油管。

（3）柱塞式马达。如图 2-10(c)所示，在柱塞式马达工作时，压力油经固定的配油轴窗口进入缸体内柱塞的底部，柱塞向外伸出，紧紧顶住定子的内壁。由于定子与缸体存在一偏心距，故在柱塞与定子接触处定子将对柱塞产生反作用力。当作用在柱塞底部的油液压力为 p，柱塞直径为 d，力和斜板垂线之间的夹角为 α 时，力对缸体产生一转矩，使缸体旋转。然后，缸体再通过端面连接的传动轴向外输出转矩和转速。

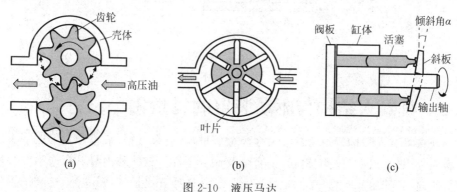

图 2-10　液压马达
(a) 齿轮马达；(b) 叶片型马达；(c) 柱塞式马达

3）电液伺服阀

电液伺服阀（图 2-11）是电液伺服控制中的关键元件，是一种接受模拟电信号后，输出经调制后产生流量和压力的液压控制阀。

4）液压伺服马达

如图 2-12 所示，液压伺服马达的工作原理为当供油口处于关闭状态，阀芯向

图 2-11　电液伺服阀

右移动$(x>0)$时供油压力 p。经过节流口从左通道流到驱动器活塞左侧并以压力 p_1 使载荷向右$(y>0)$移动。相反,阀芯向左移动$(x<0)$时压力 p_2 的液压油供到活塞右侧使负载向左$(y<0)$移动。

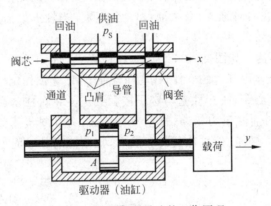

图 2-12　液压伺服马达的工作原理

2.3　机器人结构与驱动装置的轻量化

现有机器人结构所用的材料大多为金属材料、复合材料、工程塑料等。在金属材料中常用的材料有铸铁、钢材、铝合金及钛合金等。铸铁和钢材具有很高的强度和可塑性,且使用成本低,使用最为广泛;铝合金具有质量轻,强度高、抗腐蚀等特点,价格相对铸铁和钢材而言要高一些,在机器人结构设计中使用得也较为广泛;钛合金具有强度高、质量轻、耐热、抗腐蚀等特点,其质量大概是同等尺寸钢材的60%,但强度远高于一般的合金钢,常用来做航空材料。但因其价格昂贵,强度也远高于一般机器人的要求,故在机器人结构设计中应用较少,只有当机器人对强度有很高的要求时才会选用。机器人的结构设计中所用的复合材料多为碳纤维,碳纤维是一种兼具强抗拉力和易加工性的新型材料,其比重小、强度高,是实现机器人轻量化的完美材料。机器人的结构设计中也可以使用工程塑料,该材料在具备金属材料优良特性的同时具有更轻的质量,但同时制造工艺相对复杂,价格也比较昂贵。

2.3.1　机器人结构轻量化

为尽可能实现轻量化,在机器人结构材料选择上可采用镁合金。镁合金具有质量轻、强度高、弹性模量高、尺寸稳定性好等特点,其密度是铝合金的 60%,且具有和铝合金相当的屈服强度,相比铸铁、钢材、铝合金来说拥有更好的减震、抗变形、抗冲击等性能。此外,镁合金也具有很好的稳定性,其加工件的尺寸精度高、尺寸稳定性好、可在热处理或长时间的使用后基本保证尺寸的零变化。而且镁合金压铸工艺日渐成熟,其生产成本逐年下降,这使镁合金的应用领域更为广泛。

在机器人的关键行走部位如大腿、小腿等处一般为空管结构,并以碳纤维材料为主要材质,结构件可采用薄壁状结构,材质可选用镁合金或工程塑料。以此降低设计成本并体现简单化的设计原则。机器人腿部结构中的紧固件、连接件及传动件等应尽量选用标准件,与之相关的结构件的尺寸形状在设计上可根据标准件适当调整。

2.3.2　机器人驱动装置轻量化

从驱动方式来说,液压、气压驱动已经逐渐不能满足现代陆空作业的需求,所以如今的机器人一般选用电机驱动方式。电机驱动又可分为常用电机直驱和"电机+减速机"驱动两种方式。其中:电机直驱方式功率小,易受负载转矩波动;"电机+减速机"驱动方式功率大,但国内减速机制造水平有限,常受制于国外减速机供货商,导致设计上缺乏灵活性,而且该驱动方式会增大机器人质量,不符合很多轻量化场景的要求。这两种电机驱动方式都是将电机直接安装在机器人关节处,与人体结构的驱动方式区别较大。

基于串联弹簧的"电机+丝杠"传动机构也可以驱动机器人,其具有质量轻、柔性程度高等特点,且这种驱动方式接近于人体肌肉收缩方式,能使机器人构造更加拟人。另外,在满足机器人静态和动态强度要求的条件下,机器人腿部结构应尽可能采用管状、薄壁状形态,应尽可能使用较轻的材料,同时在满足运动所需扭矩的条件下应选用功率较小的电机。

习题

1. 简述机器人驱动主要有哪些驱动方式及其含义。
2. 请查阅文献资料,分析机器人新型驱动技术的发展前景和应用潜力。

第3章

机器人的传感与通信

3.1 机器人传感简介

观察人类的劳动工作场景不难发现,人类是利用四肢移动和操作工具或物体的,要准确地完成这些移动和操作,还需要借助五感(视觉、触觉、味觉、嗅觉和听觉)来感受和接收外界信息。如果说机器人的机械部分是它的"四肢",那么传感部分就是它的"五官",用于实现感觉。传感器作为传感部分的核心元件,其可以被定义为一种能把机器人的目标对象特性(或参量)转换为电信号输出的检测装置,它是连接机器人本体与外界环境的重要接口,是机器人感知和获取外界信息的关键部件。例如,装配机器人工作时,通常需要具备检测和识别工件外形的视觉或触觉传感器,判断安装位置和方向的距离或位置传感器,以及检测末端操作器抓紧和安装零件时状态的滑觉和力传感器等,机器人将通过这些传感器与外界环境进行交互,获取足够的信息并加以处理,最终实现对装配工作的有效控制。

在对机器人的传感器进行设计和选择时,需要结合机器人的应用需求和自身特点。通常来说,机器人传感器可以分为内部传感器和外部传感器。其中,内部传感器是指用于检测机器人本身状态的传感器。例如,检测机器人运动过程中的位置、速度以及加速度等的传感器。而外部传感器是用于检测外部环境、目标对象状态特征等的传感器。例如,判断目标对象的形状、空间位置与姿态等的传感器。常用的机器人传感器主要包括位置传感器、力觉传感器、视觉传感器、触觉传感器、姿态觉传感器等,如图3-1所示。

3.1.1 机器人位置传感

位置和位移的传感是大部分机器人最基本的感知需求。机器人在工作时不仅需要通过位置、位移传感器(内部传感器)检测自身的位置和速度等信息,而且需要通过接近觉、距离觉传感器(外部传感器)探测自身与周围物体及目标对象之间的

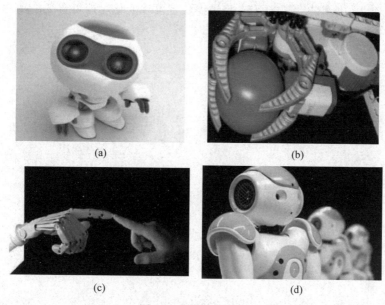

图 3-1 机器人的传感

（a）机器人视觉；（b）机器人力觉；（c）机器人触觉；（d）机器人听觉

相对位置和距离。接近觉传感器或距离觉传感器可以帮助机器人在接触目标对象之前获得必要的信息，使机器人为其后的动作做准备，同时可以在发现障碍物时让机器人及时改变路径或使其停止运行，以防止发生碰撞。有的位置传感器甚至可以帮助机器人获得目标对象的表面形状信息。

1. 位置传感器

常用的位置传感器包括电位器、光电编码器等。

1）电位器

电位器是一种典型的位置传感器，其原理类似滑动变阻器，主要结构包括一个线绕电阻（或薄膜电阻）和一个滑动片（或电刷）。其中滑动片通过机械装置受到被测量（位置、位移）的控制，又与电阻丝接触构成完整电回路并输出电信号。在检测时，被测位置量发生改变带动滑动片产生位移，使滑动片与电位器各端之间的电阻值和电压值发生改变，从而使机器人的位移改变量以电路中电压或电流的变化形式输出。

根据电位器式传感器的结构可以将其分为直线型电位器与旋转型电位器两种。直线型电位器常采用直线型螺线管或直线型碳膜电阻，其滑动片只能沿着电阻的轴线方向做直线运动，因此这种电位器主要用于检测直线位移，可检测机器人滑动关节产生的直线位移。旋转型电位器的电阻元件常采用圆弧型电阻，滑动片沿着电阻元件做圆周运动，因此主要用于检测角位移，可检测机器人旋转关节产生的角位移。图 3-2 为一种典型的商用直线型电位器及其简化测试电路。在工作时须向电位器两输入端接入电压 U_1，当被测位置发生变化时即可改变滑动片与电阻的接触位置，从而改变电位器的输出信号 U_2。

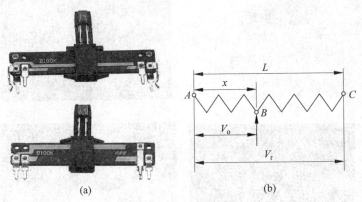

(a)   (b)

图 3-2 典型商用直线型电位器及其简化测试电路

(a) 直线型电位器；(b) 简化测试电路

    显然，电位器式位置传感器具有众多优点。它不仅结构简单，性能稳定，测量精度高，而且可调节的输出信号范围很大。但是这种位置传感器也具有一个显著的缺陷，即滑动片与电阻的接触方式容易导致电位器产生磨损，进而影响其可靠性和使用寿命。这一缺陷制约了电位器式位置传感器在机器人上的应用。近年来，随着技术不断发展和价格逐步下降，光电编码器已经逐渐取代电位器，成为很多机器人位置传感器的首选。

    2）光电编码器

    光电编码器是利用光电效应原理，将角度、位置、转速等物理量转化成电气信号并进行输出的一种传感器。以光电编码器的测量方式为标准，可以将其分为旋转编码器和直尺编码器两种，前者可以将被测对象的旋转角速度转化成脉冲电信号输出，后者则可以将被测对象的直线行程长度转化成脉冲电信号输出。以编码方式为标准，光电编码器又可分为绝对型光电编码器、增量（相对）型光电编码器和混合型光电编码器等三种。

    （1）绝对型光电编码器。绝对型光电编码器通常由光源、光敏元件和光电码盘三个主要构件组成。如图 3-3 所示为绝对型光电编码器的工作原理，码盘被安装在旋转轴上，在码盘的一侧布置有光源，另一侧则布置有接收信号的光敏元件。码盘上刻有很多同心圆形码道，码盘在设计上按照一定的分布规律将每一条码道分为透光区域和不透光区域。在工作时，光源发出的光线照射在码盘上，若照射在透光区域，光线将通过缝隙被光敏元件接收，并被转换成电信号输出，记为"1"；反之若光线照射在不透光区域，则光线将无法到达光敏元件，输出信号记为"0"。旋转轴在旋转带动码盘使之转至不同位置时，光敏元件上输出的信号组合将反映出旋转轴当下所处位置，即绝对位置。如图 3-3（b）所示为具有 4 条码道的码盘，当前编码器输出信号为"0000"。随着码盘旋转,输出信号也会不断改变,并指示出旋转轴所处的绝对位置。显然,码道的个数越多,输出信号的组合越多,编码器的分辨率也就越高。

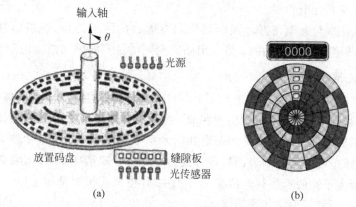

图 3-3　绝对型光电编码器原理

（a）绝对型光电编码器组成；（b）绝对型光电编码器码盘

这种绝对型光电编码器不仅结构简单,分辨率足以满足机器人技术需求,而且其输出的位置信息是独立意义的数值。因此,采用绝对型编码器的机器人关节不需要提前校准,上电后控制器可以马上获取到关节的绝对位置。即使系统掉电,编码器仍可记录相应位置,在恢复供电后可即刻反映出当前的位置信息。

（2）增量（相对）型光电编码器。增量型光电编码器主要由光源、码盘、光敏元件、缝隙板和光传感器构成,如图 3-4 所示。虽然它的工作原理与绝对型光电编码器基本相同,但是使用的码盘却有所不同。增量型光电编码器的码盘上分布着节距相等的辐射状透光区域和不透光区域,相邻的两个透光区域之间代表着一个增量周期。检测光栅位于码盘与光敏元件之间,并刻有与码盘节距相等的 A、B 两组透光缝隙。这两组缝隙之间错开了 1/4 节距,其可以使输出的电信号之间存在 90° 的相位差,以此来判断运动的方向。在工作时,旋转轴转动带动码盘旋转,而检测光栅保持不动,光源射出的光线通过码盘与光栅的透光区域照射到光敏元件上,输出两组相位差为 90° 的电信号,这些信号经过转换电路处理,即可反映出码盘转过的角度。

旋转轴每转过一个预先设定的角度就会输出一个脉冲信号,通过计算脉冲信号的个数就可以计算出旋转轴转过的角度。但是这种计算所获得的位置数据是相对的,所以使用增量型光电编码器的机器人在工作前必须先进行校准,确定起始点参考位置后

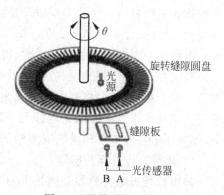

图 3-4　增量型光电编码器

才能够获得绝对位置信息,且一旦发生掉电现象,位置信息就将消失,恢复供电后需要再次进行校准才可以继续获得准确的绝对位置信息。虽然有这样的缺点,但由于增量型光电编码器的码盘在制造上更加容易,成本较低,且分辨率高,可靠性好,因此,其应用十分广泛。

(3) 混合型光电编码器。混合型编码器能输出两组信息,一组信息用于检测磁极位置,带有绝对信息功能;另一组则完全同增量式编码器的输出信息。

2. 接近觉传感器

除了本身的位置信息,机器人在工作时也需要获得自身与对象物体(如加工材料、被搬运物体等)之间的相对位置关系,这就需要其具有接近觉传感器。接近觉传感器是指能帮助机器人感觉到距离几毫米到十几厘米远的对象物或者障碍物的距离、相对倾角或对象物的表面性质等的传感器。一般情况下,接近觉传感器多以安装在机器人手部的非接触式测量元件为主,如电磁式接近觉传感器、电容式接近觉传感器、超声波接近觉传感器等。

1) 电磁式接近觉传感器

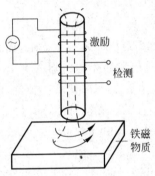

电磁式接近觉传感器是一种在机器人领域应用广泛的接近觉传感器。如图 3-5 所示,它利用一个加有高频信号的励磁线圈产生磁场,当该磁场靠近金属物体时,将会在其中产生涡流。涡流的大小会随着线圈与金属表面间距离的变化而变化,且涡流的变化又将反作用于线圈。传感器通过另一组检测线圈检测出磁场强度,根据检测线圈输出的信号即可获得传感器与对象金属物体间的距离。这种传感器的精度较高,能够在高温下使用,但是其感知对象物

图 3-5　电磁式接近觉传感器

体需为导体,且随着距离增加该传感器的灵敏度将急剧下降。

2) 电容式接近觉传感器

与电磁式(感应电流式)接近觉传感器不同,电容式接近觉传感器能够检测所有固体和液体材料。它的工作原理是监测对象物体靠近或远离传感器时造成的电容变化,以此来计算距离的变化。该传感器采用电容器作为敏感元件,其包括一个传感电极和一个参考电极。工作时,可以利用两个电极间的距离变化进行传感,也可以利用两个电极间相对有效面积的变化进行传感。由于检测电容变化的电子学方法不只一种,故可以将该电容器作为振荡电路的一部分集成设计,也可以将其作为受连续参考正弦波驱动的电路的一部分来设计。但是,这种传感器会在距离增大(超过 10mm)时,出现灵敏度急剧下降的现象。

3) 超声波接近觉传感器

超声波接近觉传感器是通过向对象物体表面发射超声波脉冲信号,并测量回波返回时间的方法来获得传感器与对象物体间的距离的。它对于对象物体的材料

属性没有特殊要求,若安装多个回波接收器,还能够通过返回信号的相位差获得对象物体的表面信息。超声波传感器的原理简单,成本较低,适用于较长距离和较大物体的探测,但其也存在反射、噪声和交叉等问题。

3.1.2　机器人力传感

机器人的力觉是指在运动过程中,机器人对其手指、手腕、手臂和底座等部件所受力的感知,实现这一感知需要的就是力传感器。机器人的力传感器不仅要对机器人本身运动控制过程中的力进行反馈测量,还要检测机器人工作过程中与对象物体间的相互作用力。例如,在装配机器人的工作中,需要利用力传感器调节抓取零件时的操作力,感知被抓取零件的状态,并保护机器人和零件,防止机器人操作过于用力而导致零件被损坏。

力传感器的分类方式很多。根据所测力维数不同,可将其分为单维和多维力传感器。随着机器人技术的不断发展,人们已经不再满足于使用机器人从事简单重复性的劳动,而是希望机器人从事更加复杂且精密的工作,这就要求相应的传感器能够更加准确地感知和反馈机器人所处的环境和工作的状态。显然,利用多维力传感器建立机器人的力/力矩控制系统能够更好地帮助机器人完成预定任务。

根据测量部位的不同,又可以将力传感器分为关节力传感器、腕力传感器和指力传感器等几类。关节力传感器一般安装在机器人的关节上,用来测量关节驱动器输出的力和力矩,因其测量的信息量单一,且与机器人的末端操作器距离较远,故其多采用结构简单的专用力传感器。指力传感器一般安装在机器人的手指(或指关节)上,用来测量手爪抓取物体时的受力情况。这是机器人进行操作时所需的主要力控制和反馈需求,但是受限于手爪的尺寸和重量,指力传感器一般被要求结构简单轻便,多采用一些量程较小的专用力传感器。为了使机器人末端操作器的受力情况以更好、更准确地控制机器人完成预定工作,可以在机器人的最后一个关节与末端操作器中间安装一个腕力传感器。这种腕力传感器距离机器人的手部较近,受到的尺寸和重量限制又较小,因此可采用能够处理多重信息的结构较为复杂的力传感器。

综上所述,采用多维的腕力传感器可以为机器人的力觉传感提供更准确的信息。毕竟任意刚体在空间内的运动都可以用 6 个坐标进行描述,采用六维腕力传感器测量机器人腕关节六自由度的力/力矩信息足以实现对机器人末端操作器受力情况的控制和反馈。也正因如此,对于六维力传感器的研究成了力传感器研究的热点方向,国内外都有众多学者进行了大量的研究工作,并提出了很多经典的六维力传感器设计。

如图 3-6 所示为美国 Draper 实验室研制的 Waston 腕力传感器,其是一种经典的竖梁式六维力传感器。在结构上它采用了三根按 120°周向分布的应变梁连接上下两个圆环。在每根应变梁的内侧粘贴张力测量应变片,并在外侧粘贴剪切力测量应变片,以此获得六自由度的力和力矩分量。将传感器的上圆环连接在机器人的手臂上,而下圆环连接机器人的末端操作器,即可实现对机器人末端操作器受力情况的测量和反馈。

斯坦福研究所(Stanford Research Institute,SRI)研制的经典筒形六维力传感器如图 3-7 所示,它由一根铝管铣削制成,具有良好的线性和重复性,同时具备较好的滞后性和温度补偿性。其在结构上采用 8 根开有小槽的应变梁,在传递力的同时减少扭矩对其自身的影响。显然,这种结构较为复杂,刚度低且不易加工。

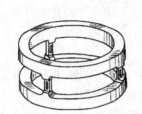

图 3-6 Waston 腕力传感器

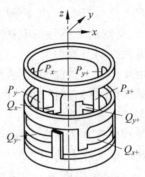

图 3-7 SRI 六维力传感器

3.1.3 机器人视觉传感

视觉是人类获取外界信息的重要感知方式,现有研究表明人类通过视觉获得的感知信息约占全部感知信息的 80%。人类的视觉功能复杂又强大,它相当于一个三维的采样系统,而该系统的"感受器"就是视网膜。眼睛捕捉到三维物体,并将它的可见部分投影至视网膜上,通过大脑的分析和判断,人类便能从视网膜上的二维成像中获得对物体的三维理解,即对物体的形状、尺寸、材质、与观察者的距离和运动特征(如速度、方向)等信息的理解。人们希望机器人视觉也能实现将二维投影图像转变为三维客观物体的功能。

在人类研究机器人之初就希望为机器人装上"眼睛",让其拥有视觉。20 世纪 50 年代,科学家基于统计模式识别提出了机器视觉的概念,当时主要用于二维图像的简单识别和处理,如字符识别、图片分析等。到了 20 世纪 60 年代,对机器人视觉系统的研究陆续展开,但此时视觉系统只能够识别一些平面上的规则物体。到了 20 世纪 70 年代,视觉系统开始能够识别出某些加工零件或是日常物品。由于视觉系统所需要处理的信息量非常庞大,而当时的计算机处理能力有限,导致研究工作虽然进展显著却难以落到实处。直到 20 世纪 80 年代以后,随着大规模、超大规模集成电路技术的发展,微型计算机技术不断进步,计算机的内存体积减小,运算速度提高而价格降低,视觉系统才随之步入实用化。如今,机器人的智能化越来越多地应用到了机器视觉技术。

美国机器人工业协会(Robotic Industries Association,RIA)将机器视觉定义为:机器视觉(machine vision)是通过非接触传感器和光学装置自动采集并处理一个真实目标的图像,通过分析这一图像以获取所需要的信息或者将其用于控制机器人运动的工作。不难看出,一般的机器人视觉系统可以分为图像输入(获取)、图像处理和图像输出等几个部分。

图像输入(获取)设备包括光源、摄像机等;图像处理设备包括相应的软件和硬件系统;图像输出设备则是与工作过程相连的有关系统。为了通过计算机来模拟人的视觉功能,从客观事物的图像中提取出所需信息并对其进行分析和处理,以最终用于实际检测、测量和控制,一个典型的视觉系统结构应如图 3-8 所示,其工作过程如下:在得到识别物体的指令后,机器人控制光源向目标物体投射一道光线;接着目标物体反射的光线通过镜头进入摄像机内成像,摄像机得到图像信息后传递给图像采集卡;然后图像采集卡再将所获得的图像信息转换成数字或模拟信号传递给计算机;最后由计算机对信号进行分析处理后判断出应该执行的动作,并通过输入/输出端口传递指令给控制系统,以指导机器人的动作。整个工作过程与人眼类似,摄像机相当于人眼的视网膜,图像采集卡相当于视觉神经,计算机则相当于人类的大脑。在工作过程中,各个部分各司其职,分工合作,共同实现机器人对外界环境的感知。

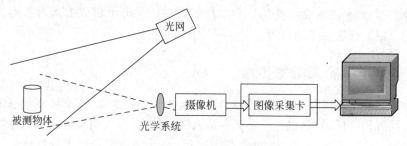

图 3-8　典型的视觉系统结构

实现机器人视觉传感的关键技术主要有以下几种。

1. 照明光源

照明是影响机器视觉系统输入的重要因素,其对于输入数据的影响至少占到30%。目前尚无专用的机器视觉照明设备,在选择光源时,需要结合特定应用的需求,综合考虑光源的亮度、均匀性、光谱特征、寿命特性和对比度等因素,以做出最优选择。过去大部分机器视觉系统采用可见光作为光源,如常见的日光灯、白炽灯和钠光灯等,这些光源容易获得、价格便宜且易于操作,但是存在能量衰减大、光源不稳定和易受环境光影响等问题。因此,在一些要求较高的应用场合,现在也常采用超声波、X 射线等不可见光作为光源。

2. 视觉传感器

视觉传感器是视觉系统的重要组成构件,它能够将目标物体的光信号转换成电信号,使之便于计算机的后续处理。同照明设备一样,现在的机器人视觉传感器也不再局限于光导摄像等电视摄像机设备,而多采用体积更小、分辨率更高、动态范围更大的固体视觉传感器,如 CCD(电荷耦合器件)和 CMOS(互补金属氧化物半导体)传感器等。其中,CCD 传感器是目前使用非常广泛的机器视觉传感器,它的工作原理是利用线性阵列或矩形阵列分布的光敏二极管,使每个光敏二极管对应一个像元,工作时,在一定的积分时间内用光敏元对光信号进行取样,将光的强弱转换为各光敏元的电荷量,通过输出每个二极管的电压脉冲实现从图像光信号到电信号的转换。

3. 图像处理技术

通过视觉传感器获得的电信号并不能被直接应用,其需要进行进一步的图像信息处理,包括图像增强、边缘锐化、分割、特征抽取、图像识别与理解等,经过这些处理后的图像质量将得到一定程度的改善,更便于计算机对其进行后续的分析、处理和识别。

总体来说,机器人的视觉传感技术是目前机器人研究中的热门领域,它不仅是机器人实现环境感知与人机交互的重要基础,更直接影响机器人的智能化水平。关于机器人视觉传感技术的研究还有很多问题亟待解决,包括实现视觉系统的快速伺服控制、多相机视觉系统的协调应用等。在 3.3 节中将以实例对机器人视觉传感的应用进行进一步的说明。

3.1.4 机器人触觉传感

除了视觉传感以外,触觉传感也是机器人感知外界变化、获取环境信息的重要途径。同视觉一样,触觉也是机器人模拟人的一种感觉,人类可以通过触觉感知到与被接触物体间的压力、温度、振动和湿度等,也可以感受到所接触物体的许多物理特性,如形状、位置、刚度、纹理等,机器人的触觉传感最好也要包含这样多的信息,不仅能够反映机器人与环境间的交互情况,还应能够反映被接触物体的各种物理属性。也正因如此,触觉传感器主要帮助机器人实现两大功能,即检测功能和识别功能。检测功能包括对目标物体的物理性质的检测和对末端操作器与目标物体间接触状态的检测,识别功能则是在检测功能的基础上进一步提取目标物体的形状、结构、刚度等信息,以对其进行分类或目标识别。

科学家和工程技术人员对机器人触觉传感的研究始于 20 世纪 70 年代,初期研制的传感器结构简单,形式较少,仅能够判断机器人与目标对象是否接触及测量接触力的大小。随着一些基于电、磁和超声波等原理和方法实现的新型传感器不断出现,触觉传感技术在 20 世纪 80 年代进入飞速发展阶段。机器人通过触觉传感获取的信息也更为多样化,包括对目标物体的形状、压力分布、材质、温度和表面粗糙度等的测量。进入 21 世纪以来,随着新材料、新工艺的不断涌现,触觉传感器开始向柔性化、轻量化、高阵列、高敏感度等方向发展。经过几十年的不断研究,大量不同原理、不同形式的触觉传感器被相继提出,如果按照传感原理进行分类,目前常见的触觉传感器可以分为压阻式、压电式等。

1. 压阻式触觉传感器

压阻式触觉传感器的原理是利用弹性体材料的电阻率会随压力的大小变化而变化的性质,将接触面上的压力信号转换成电信号。图 3-9 为一种压阻式阵列触觉传感器的示意图。其基本结构为采用两组互相垂直构成网状的电极,将压阻材料放置在两组电极之间,每一个行列电极的交叉点即被定义为该阵列触觉的一个触觉单元。显然,对于这类阵列式触觉传感器而言,它的阵列数、阵列密度、灵敏度和柔软性等是衡量传感器性能的重要技术指标。

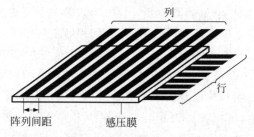

列

行

阵列间距　感压膜

图 3-9　压阻式阵列触觉传感器

2. 压电式触觉传感器

某些电介质在沿一定方向上受到外力的作用而变形时,其内部会产生极化现象,同时在它的两个相对表面上会出现正负相反的电荷,当外力去掉后,它又会恢复到不带电的状态,这种现象称为(正)压电效应。因此,采用压电材料作为敏感元件可以将接触面间的压力信号转换成电信号输出,这就是压电式触觉传感器的原理。压电式触觉传感器具有体积小、质量轻、结构简单、工作频率高、灵敏度高、性能稳定等优点,但也存在噪声大、难以检测静态力等缺点。

随着机器人技术和传感技术的不断发展,人类对于触觉传感的要求已经不再满足于传统工业机器人的简单识别和搜索,而是追求其能够模仿甚至超越人类皮肤感觉功能,具备更先进的触觉传感器,因此,电子触觉皮肤应运而生。电子触觉皮肤是一种柔性触觉传感器,其本身轻薄柔软,可被加工成任意形状,可像衣服一样地附着在机器人表面,具有灵敏度高、拉伸性好和响应快速等优点。如图 3-10 所示为美国国家航空航天局(National Aeronautics and Space Administration,NASA)研制的宇航员机器人 Robonaut,它的前臂、肩膀和躯干上都采用了电子触觉皮肤以进行触觉感知。

图 3-10　采用电子触觉皮肤的 NASA 宇航员机器人 Robonaut

3.2　机器人通信简介

如果仅有感官和肌肉,人的四肢并不能执行动作。一方面是因为来自感官的信号没有器官去接收和处理,另一方面是因为没有器官发出神经信号来驱使肌肉发生收缩或舒张。同样,如果机器人只有传感器和驱动器,机械臂也不能正常工作,原因是传感器输出的信号没有起作用,驱动电动机也得不到驱动所需的电压和电流,所以机器人需要有一个用硬件和软件组成的控制系统,能够接收传感器信号并解码分析,将指令发送给驱动器。系统的控制依赖一个可靠的通信系统,需要通过可靠的方式对信息数据进行编码或解码,并利用通信载体进行信息数据的传输。

机器人通信系统是智能机器人个体以及群体机器人协调工作中的重要组成部分,是信息和通信技术在机器人领域的应用。从通信对象的角度来说,机器人通信系统可以分为内部通信和外部通信两个部分。内部通信是为了协调单个机器人内部模块间的功能行为,类似人体大脑与各个组织器官之间的神经网络;外部通信指机器人与控制者或者多个机器人之间的信息交互,它一般通过独立的通信专用模块与机器人整合实现。例如,在央视春晚或者其他大型活动中的智能机器人集群表演,机器人之间之所以能够配合得天衣无缝,依靠的便是机器人之间强大的通信系统和优异的控制算法。

这里主要介绍智能机器人通信技术的发展历史和现状,现代通信技术基础以及机器人通信中广泛采用的通信方式、拓扑结构、通信协议及通信模型等。

3.2.1　基本概念

1. 点对点通信系统的基本模型

一个标准的点对点直接通信系统主要由信号源、信号发送设备、接收设备以及信道等部分组成,如图 3-11 所示。

图 3-11　通信系统的基本模型

(1)信号源把待传输的消息转换成原始信号;发送设备也称变换器,它将信号源发出的消息变换成适合在信道中传输的信号,使原始信号(基带信号)能适应信道传输特性的要求。

(2)信道是传递信息的通道及传递信号的设施。按传输介质(又称传输媒质)的不同,可将其分为有线信道和无线信道(如微波通信、卫星通信、无线接入)等。

（3）接收设备的功能与发送设备相反，它的作用是把从信道上接收的信号变换成信息接收者可以接收的信息，起着信号还原的作用。

（4）受信者（信宿）是信息的接收者，它可以将复原的原始信号转换成相应的信息。

（5）噪声源是指系统内各种干扰影响的等效结果。为便于分析，一般将系统内所存在的干扰（环境噪声、电子器件噪声、外部电磁场干扰等）折合于信道中。

2. 现代通信系统的功能模型

图 3-12 为一个现代通信系统的功能模型，其各模块作用如下：

（1）接入功能模块——将语音、图像或数据进行数字化并变为适合网络传输的信号。

（2）传输功能模块——将接入的信号进行信道编码和调制，使之变为适合传输的信号形式。

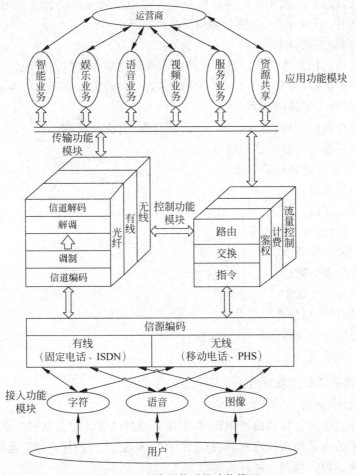

图 3-12　现代通信系统功能模型

（3）控制功能模块——完成用户的鉴权、计费与保密，由信令网、交换设备和路由器组成。

（4）应用功能模块——为运营商提供业务经营。

3．现代通信系统的分类

现代通信系统的分类如下：

1）按通信业务分类

（1）按传输内容可分为单媒体通信和多媒体通信。

（2）按传输方向可分为单向传输与交互传输。

（3）按传输带宽可分为窄带通信与宽带通信。

（4）按传输时间可分为实时通信与非实时通信。

2）按传输介质分类

（1）有线通信。有线通信的传输介质为电缆和光缆。

（2）无线通信。无线通信借助电磁波在自由空间的传播传输信号，根据波长不同可分为中/长波通信、短波通信和微波通信等。

3）按调制方式分类

（1）基带传输。基带传输将未经调制的信号直接在线路上传输。

（2）频带传输（调制传输）。频带传输将先对信号进行调制然后再进行传输。

4）按信道中传输的信号分类

（1）模拟通信。传输模拟信号，如电压信号、电流信号等。

（2）数字通信。传输数字信号。

5）按收发者是否运动分类

（1）固定通信。

（2）移动通信。

6）按多地址接入方式分类

（1）频分多址通信。

（2）十分多址通信。

（3）码分多址通信。

7）按用户类型分类

（1）公用通信。

（2）专用通信。

4．通信系统的质量评价

1）有效性指标

有效性是指信道资源的利用效率（系统中单位频带传输信息的速率问题）。模拟通信系统的有效性指标通常采用"系统有效带宽"进行描述；数字通信系统有效性指标通常采用传输容量进行描述。

传输容量的表示可采用以下两种方法：

（1）信息传输速率（比特速率）——系统每秒钟传送的比特数，单位为比特每秒（b/s）。

（2）符号传输速率（信号速率或码元速率）——单位时间内所传送的码元数，单位为波特（Baud，Bd），每秒钟传送一个符号的传输速率为 1Bd。

2）可靠性指标

可靠性是指通信系统传输消息的质量（传输消息的准确程度问题）。模拟通信系统的可靠性指标通常采用"输出噪声比"来衡量。数字通信系统的可靠性指标通常采用"传输差错率"来衡量。

传输差错率的表示可采用以下两种方法：

（1）误码率（码元差错率）。在传输过程中发生误码的码元个数与传输的总码元数之比，也指平均误码率。

（2）误比特率（比特差错率）。在传输过程中产生差错的比特数与传输的总比特数之比，也指平均误比特率。

当采用二进制码时，误码率与误比特率相等。误码率的大小与传输通路的系统特性和信道质量有关，提高信道信噪比（信号功率/噪声功率）和缩短中继距离可使误码率减小。

5. 常用短距离无线通信技术简介

1）无线（局域）网（Wi-Fi）

Wi-Fi 用于支持设备（笔记本电脑、手机、平板电脑）通过无线的方式连接网络，也是目前自动化设备以及智能机器人产品中最常用的通信方式之一。

2）蓝牙

蓝牙技术的创始者是爱立信公司，用于手机与外围设备的连接，如蓝牙耳机、蓝牙 GPS 等。蓝牙使用时分双工的模式来实现全双工通信，是一种特殊的 2.4G 无线技术，其遵循 IEEE 802.15.1 协议。蓝牙具有通信速率快、连接简单、全球通用、功耗低等特点，被广泛用于手机、计算机、娱乐外围设备中。

3）红外线数据协会（IrDA）

IrDA 使用红外线进行通信，是一种低成本的通信方案。其制定的标准建立了一个半双工的通信系统，通信范围 1m 左右，传输角度 30°～60°。因为使用红外线作为通信媒介，IrDA 的数据传输最大可以达到 4Mb/s。其较大的劣势就是对传输路径的要求比较高，对传输距离、收发角度等都有限制，这减小了它的适用领域。

4）ZigBee

随着物联网、车联网与智能家居概念的发展流行，ZigBee 开始进入人们的视线。ZigBee 基于 IEEE 802.15.4 标准，由 ZigBee 联盟制定，具有自组网、低速率、低功耗的特点，尤其适应小型设备组网的需求。

3.2.2　机器人通信系统

1. 移动机器人通信的特点

与传统意义上的有线电话网络或者无线蜂窝网络通信系统不同,移动机器人通信的主体是移动机器人,由于其应用背景的差异而使其对通信系统的要求有很大的区别。对特殊环境应用的移动机器人来说,在设计上需要特别关注以下几个方面。

1) 通信系统的功能性

在移动机器人系统中,能够实时提取机器人系统的信息和发送控制指令是十分必要的。通信系统应当能够提供较好的通信质量,尽量降低网络延迟。在针对多移动机器人系统的视频数据传输等场合这一点尤其必要。在战场或科学考察等具有重大意义的场合也要求机器人的通信系统具有出色的功能性,以确保设备回收或者数据反馈能够稳定、及时。

2) 能量受限

移动机器人往往采用自身电池供电,其能源系统不但要提供通信所需电能,更要为行走、实物操作等对能量有较大需求的模块提供能量。由于其能量极其有限,所以子系统能耗量与系统的生存能力和安全性直接相关。一般来讲,通信模块能量的消耗包括发射能耗、计算能耗、存储能耗。在设计移动机器人的通信系统时,有必要考虑其能量特性,尽可能采用能量消耗较少的系统设计。

3) 体积受限

通信模块如果体积过大会带来安装上的不便,同时会给机器人驱动模块带来额外的负荷,降低机器人的灵活性,限制其应用场合。因此在设计移动机器人时需要采用体积较小的通信模块。

2. 移动机器人通信系统的评价标准

综合以上特点,设计移动机器人通信系统时需要考虑以下几个因素。

1) 可靠性

即机器人通信系统在工作时间内、在一定条件下无故障地执行指定功能的能力。

2) 能量效率

机器人的能源利用效率。

3) 带宽

带宽(band width)是指在固定的时间内可传输的资料数量,也即在传输管道中可以传递数据的能力。对数字信号而言,带宽是指单位时间能通过链路的数据量。

4) 服务质量

服务质量(quality of service,QoS)指一个网络能够利用各种基础技术,为指定的网络通信提供更好的服务能力,是网络的一种安全机制,是用来解决网络延迟和阻塞等问题的一种技术。

3. 移动机器人通信系统设计

1) 有线通信和无线通信方案的考虑

虽然现代通信应用的趋势是无线取代有线,但是在一些特定的环境中还是要用到有线通信。有线通信(wire communication)必须借助有形的通信媒介(电线或者光缆)来传输信息。无线通信(wireless communication)则是利用电磁波信号可以在自由空间中传播的特性进行信息交换的一种通信方式。

有线通信与无线通信的比较见表 3-1。

表 3-1　有线通信与无线通信的比较

比　较	有　线　通　信	无　线　通　信
优势	1. 信号稳定,抗干扰效果好 2. 对人体辐射小,安全可靠	1. 方便快捷 2. 投资小
劣势	1. 有固定线的束缚,不够方便 2. 投资建设成本大	1. 信号不稳定,易被干扰 2. 安全问题,任何同频率的信号都有可能控制机器人或者使信号拥塞 3. 频谱是一种稀缺资源,使用无线信道需要协调

2) 无线通信的比特率与传输距离

由于能够实现低功耗下的高速连接,Wi-Fi 逐渐成为目前最流行的无线标准之一。它的传输距离在 100m 左右,由小范围内的互联接入点组成无线网络。覆盖距离有限这一条件使这种网络通常被限制用于办公建筑、家用或其他室内环境中。Wi-Fi 对于室内使用的移动机器人和其操纵者而言是个不错的选择。第四代(4G)、第五代(5G)手机网络能够提供室外环境中机器人所需要的、更好的可用覆盖网络以进行导航。

如果一个射频的发射源或者接收器在移动,根据多普勒效应点播的频率发生变化,这在通信中可能导致一些问题。Wi-Fi 并不是为高速移动的主机设计的。WiMax(全球微波接入互操作性)允许主机随速度低于 120km/h 的车辆移动。MWBA(移动版 WiMax 的标准,802.16e)和 4G 手机网络允许主机以 250km/h 的速度移动,是能在高速铁路上工作的协议。5G 手机网络允许主机以 500km/h 的速度移动。WiMax 和 MWBA 的传输延迟都被设计为低于 20ms。而 4G 以上手机网络的延迟在 10~500ms 变化。

4. 多机器人通信模式

机器人之间的通信可以分为显式通信和隐式通信两种模式。

1) 显式通信

显式通信是指多机器人系统利用特定的通信介质,通过某种共用的规则和方式实现信息的传递。这样,机器人群体不但可以快速、有效地完成节点之间的信息交换,还能够实现一些在隐式通信方式下无法完成的高级协作算法。

显式通信包括直接通信和间接通信两种模式。

(1) 直接通信。直接通信要求发送者和接收者在通信过程中始终保持一致,即通信时发送者和接收者必须同时在线,因此需要一种稳定的通信协议。

(2) 间接通信。间接通信不需要发送者与接收者保持一致。典型的间接通信形式是广播,其不要求一定有接收者,也不保证信息是否会正确地传输给接收者。监听(或观察)是另一种类型的间接通信,它在接受信息的方式上更侧重信息接收者。

显式通信虽然可以提高机器人间的协作效率,但也存在以下问题:各机器人之间的通信过程延长了系统对外界环境变化的反应时间;通信带宽的限制使机器人在信息传递交换时容易出现"瓶颈";随着机器人数量的增加,通信所需时间也会随之大量增加,通信过程中的"瓶颈"问题会更加突出。

2) 隐式通信

隐式通信是指多机器人系统通过外界环境和自身传感器来获取所需的信息并实现相互之间协作的通信模式,该模式下机器人之间并没有通过某种共有的规则和方式进行数据转移和信息交换来实现特定含义信息的传递。

隐式通信包括感知通信和环境通信两种模式。

(1) 感知通信。多机器人系统在感知问题时,系统将充分利用基于自身传感器信息的隐式通信,通过感知环境的变化,并依据机器人内部一定的推理、理解模型来进行相应的决策和协作。

(2) 环境通信。机器人在通过传感器获取外界环境信息的同时可能获取到其他机器人遗留在环境中的某些特定信息,从而进行信息传递。

在使用隐式通信的多机器人系统中,由于各机器人不存在相互之间数据、信息的显式交换,所以可能无法使用一些高级的协调协作策略,这影响了其完成某些复杂任务的能力,并且要求机器人具备高性能、高灵敏度的传感器及更复杂的识别算法。

3) 通信模式的实现

显式通信与隐式通信是机器人系统各具特色的两种通信模式,如果将两者各自的优势结合起来,则多机器人系统就可以灵活地应对各种动态的、未知的环境,完成许多复杂的任务。利用显式通信使少量的机器人进行上层协作,通过隐式通信让大量的机器人进行底层协调,尽量在出现隐式通信无法解决的冲突或死锁时再利用显式通信进行少量的协调工作,这样的通信结构既可以增强系统的协调能力、容错能力,又可以减少通信量,避免通信过程中的"瓶颈"效应。

3.2.3　机器人通信软件与编程

应用于工业机器人的通用型离线编程软件主要有以下 3 款。

1. Robotmaster

其是目前市面上顶级的通用型机器人离线编程仿真软件,由加拿大软件公司 Jabez 科技开发研制。Robotmaster 在 Mastercam 中无缝集成了机器人编程、仿真和代码生成等功能,大大提高了机器人编程的开发效率。

2. RobotWorks

在工业领域 RobotWorks 的应用也比较广泛。其具有全面的数据接口,加上基于 SolidWorks 平台开发,这使其可以轻松地通过 IGES,DXF,DWG,PrarSolid,Step,VDA,SAT 等标准接口进行数据转换。RobotWorks 具有强大的编程能力,较为完善的仿真模拟,开放的自定义工艺库,这使其在同类软件中脱颖而出。

3. RobotArt

其是北京华航唯实推出的一款国产离线编程软件。RobotArt 提供一站式解决方案,从轨迹规划、轨迹生成、仿真模拟到最后的后置代码,整体上使用简单,上手容易。

除了以上通用型的机器人离线编程软件以外,还有 3 款专用型的离线编程软件也较为常用,分别为 ABB 的 RobotStudio,Fanuc 的 RoboGuide,以及 KUKA 的 KUKA Sim 等。

3.3　机器人通信典型应用案例

1. 问题描述

在传统分拣行业,需要由工人根据物体的颜色、形状、大小等特点来对各种物品进行人工分类,这就使得工作效率受限于人力,且需要的劳动力较多,成本增加。而视觉机器人就很好地解决了这一问题。当不同色彩、不同形状的物体无规律地散落在传送带上,在物体经过视觉相机时,可由相机对其拍照识别,并将识别到的物体信息反馈到机器人的控制器,再由机器人控制器操作机器人做出反应,打开吸盘、手爪准确地夹持物体,并根据不同颜色和形状将它们分拣至不同的物料盘。实物如图 3-13 所示。本案例需要实现以下目标:①完成图像预处理;②完成对不同颜色、形状工件的识别;③控制机器人准确抓取工件等。

2. 工艺设计

如图 3-14 所示,视觉分拣的流程:首先由上料机构推出工件,由传送带将其传递进入相机视野范围内,然后由相机对工件进行图像采集与处理分析,识别出工件

图 3-13　分拣机器人实物图

的颜色、形状等数据,并将数据发送给机器人。当工件到达预定位置时,机器人控制器引导机器人抓取不同种特征的工件,根据颜色将其放置在不同颜色的罐中。

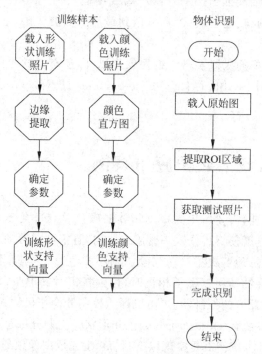

图 3-14　视觉分拣流程

图 3-15 为视觉分拣步骤,具体内容如下:

(1) 视觉传感识别被抓取的目标物体;

(2) 识别到符合要求的目标物体,机器人开始抓取;

（3）将抓取的目标物移动到指定的目标任务点，并放置目标物体；

（4）完成视觉分拣任务，进入下一次工作循环。

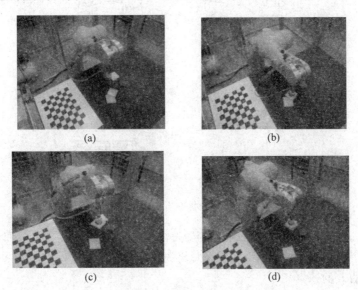

图 3-15　视觉分拣步骤

（a）识别；（b）开始抓取；（c）放置目标；（d）放置完成

3. 系统组成

1）组成结构

视觉分拣机器人的结构主要由机械主体、伺服驱动系统、手臂结构、末端执行器（抓手），以及视觉系统组成。

（1）机械主体：主要由手腕、前臂、大臂、摇杆、旋转座以及底座组成。如图 3-16 所示。

（2）伺服驱动系统：本机器人采用的是伺服电动机以及气压驱动机构。

（3）手臂结构：常见的机械伸缩臂根据其结构的不同分为可伸缩式机械臂、可折叠式伸缩臂、可升降式伸缩臂和混合式伸缩臂等四种形式，本案例采用的是可伸缩式机械臂。

（4）末端执行器：由于分拣的工件是规则形状，所以采用的是吸盘式末端执行器。它在吸附物体时可以有较好的稳定性，而且不容易对工件造成损害。

（5）视觉系统：分拣机器人利用摄像头获取待分拣物品的图像信息，然后通过图像处理算法对图像信息进行分析和处理，得到待分拣物品的特征信息。例如，对于水果类物品，可以通过颜色、形状、大小等特征进行识别。

末端执行器的工作原理：在视觉相机识别到工件的信息之前，执行器处于闭合状态，气缸同样也处于缩回状态。相机识别到信息后反馈给机器人，末端执行器开始做出反应，继电器控制电磁阀工作，气缸迅速伸出使吸盘张开；然后，末端执行

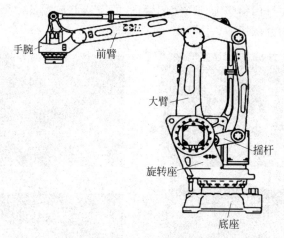

图 3-16　机器人机械主体

器缓慢下降,直到下降到物体两侧,控制器发出指令给继电器,使气缸收回,吸盘闭合并夹持住工件,完成工件的抓取过程。货物的放置与夹持过程一致,只是操作相反。

2) 机器人的选择

以 ABB 机器人的 IRB1600 型为例(如图 3-17 所示),IRB1600 动作敏捷,功率强劲,且具备后翻转功能,经成本优化设计后,其在弧焊、压铸、机械管理、物料搬运、注塑、装配、包装等应用领域均有出类拔萃的表现。作为柔性自动化的一个全能机型,IRB1600 在各种应用场合中都极富竞争力。与物料搬运、上下料和过程应用领域的其他同类机器人相比,IRB1600 的作业周期缩短了一半,具有出色的可靠性,即便在最恶劣的作业环境下或是要求最严格的全天候作业中,该款机器人都能应对自如。

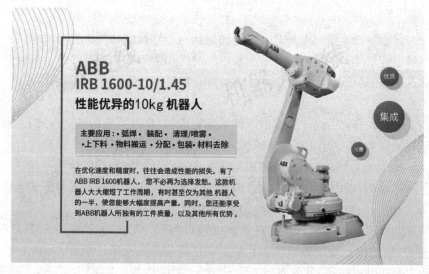

图 3-17　机器人选型

3）机器人周边设备

机器人的周边设备包括工业相机、伺服驱动器、工控机、皮带输送机等,如图 3-18
所示。

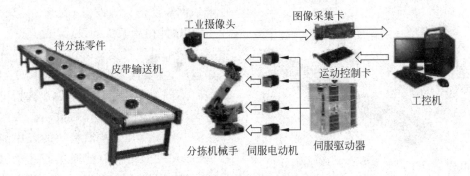

图 3-18　零件分拣机器人总体结构

4）系统的布局

分拣机器人需要与相应的辅助设备组成一个柔性化的系统,才能进行分拣作
业。柔性化的系统主要由机器人本体、控制柜、视觉系统、皮带输送线、物体分拣区
以及安全保护装置等组成,系统的布局简图如图 3-19 所示。

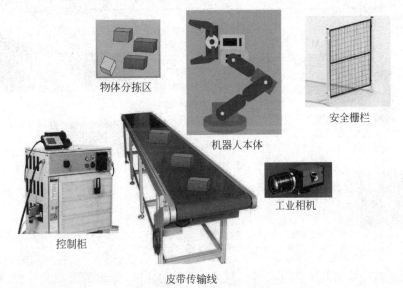

图 3-19　系统的布局简图

4. 控制系统的设计

1）硬件控制系统的设计

基于机器视觉的机器人分拣系统的硬件组成如图 3-20 所示,包括视觉系统、
并联机器人系统、传送带及分拣物品系统、网络交换机等四大部分。传送带及分拣

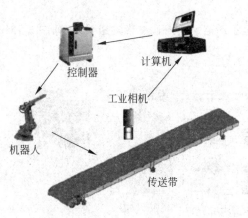

图 3-20 机器人分拣系统的硬件组成

物品系统主要又包括传送带和电动机。网络交换机的硬件设备主要有机器人控制器、PC 机、分拣对象的特征模板及其他局域网需要的设施设备。

2）软件控制系统的设计

在利用机器视觉系统实现工件分拣与搬运时，主要应根据工件结构、尺寸等特征将不同类型的工件分别码放到指定位置，其分为定位、识别、抓取和码垛四个步骤。因此，PLC 控制模块的程序编程、机器人视觉编程与智能机器视觉软件编程这三部分系统软件设计是研究的重点。其中，相机和编程计算机的连接示意图如图 3-21 所示。

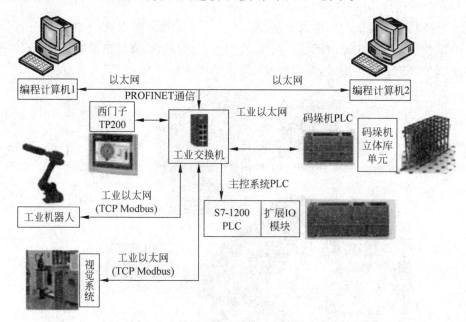

图 3-21 相机和编程计算机的连接示意图

视觉系统的主要工作由三部分组成：图像的获取、图像的处理和分析、输出或显示。因此机器人视觉系统的主要组件包括光源、相机、镜头、图像处理软件和输入输出单元。光源用于待检测元件的照明，让元件的关键特征能够凸显出来，确保相机能够清楚地拍摄这些特征。镜头用于采集图像，并将图像以光线的形式呈现给传感器。传感器将该光线转换成数字图像，并将该数字图像发送至处理器进行分析。图像采集卡是重要的输入输出单元，用于图像的高速传输及数字化处理，如图 3-22 所示。

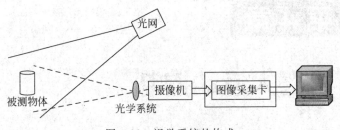

图 3-22　视觉系统的构成

5. 应用效果分析

机器视觉系统在国内的起步虽然较晚,但其发展速度非常迅猛。机器视觉系统中的相机主要用来收集图像,摄取物体的实时图像,图像处理软件则可以根据特征来实施检测、识别。当然,最智能化的分拣系统不仅具有机器视觉系统,还需要在前期的输送环节与后期的处理环节进行智能化处理。进料输送机是目前所采用的比较先进的输送机器,其主要作用是在保持平稳运行的情况下,使物料在传输过程中能够分散开,尽量避免出现物体堆叠现象,有利于对残次品进行检测。在最后的处理环节,需要通过图像处理软件反馈异物信息,将次品自动排查出来。机器人与机器视觉传感的结合将极大地拓宽机器人的应用领域。

习题

1. 机器人传感器可被分为哪几类?请说明它们各自的作用并举出实例。

2. 试举例说明机器人位置传感器有哪些类型,并分别说明其特点。

3. 机器人触觉传感器的主要功能有哪些?

4. 作为当今机器人技术研究的热点问题,机器人视觉的重要性与复杂性不断显现,但是现在的研究主要针对理想的静态环境,而机器人实际的工作场合通常更为复杂,请回答如何提高机器人视觉传感在复杂动态环境下的可靠性。

第 4 章

机器人运动控制

4.1 机器人运动控制简介

随着智能化机器人技术的快速发展,现代机器人在各个领域都开始发挥关键作用。机器人一般是通过实现其各个关节的运动来完成各项作业任务,因此在设计机器人时有必要了解其运动控制的相关技术。机器人的手、臂等关节到达指定位置的控制被称为运动控制。机器人的运动控制目的就是使机器人各关节按照预先所规划的指令运动,保证整个机器人或者机器人的某个运动部位沿预定的轨迹运行,确保实际位姿与预定的轨迹尽可能相符。图 4-1 所示的是一个机器人的运动控制示意图。实际位姿应尽可能地贴合事先预想的路径,在机器人的运动控制中,为了更好地实现对机器人的位置、速度、力和力矩的控制,一般需要利用各种传感器进行辅助,如位置传感器、速度传感器、关节传感器、力传感器等,确保机器人不脱离控制。

根据机器人运动过程的不同,可以将其运动控制方式分为点位控制和连续轨迹控制两种。

1)点位控制(point to point,P2P)

点位控制是保证机器人选择最快和最省时省力路径从一个端点移到另一个端点的控制方式。这类控制是要求快速地并且在保证无超调的情况

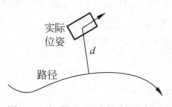

图 4-1　机器人运动控制示意图

下进行相邻的两个点之间的移动,对相邻点之间的运动轨迹则通常不进行具体定义,其一般多用于工业机器人的自动控制,只要求能准确地控制末端执行器的工作位置,与运动路径无关,是在生产过程中经常运用的点位控制模式。如在印刷电路板上安插元件、工业点焊、工业搬运等都属于点位式的控制方式。图 4-2 就是点位控制的一种典型应用,由点 1 到点 2、点 3 再到点 4,可以走直线,也可以走曲线,按顺序在相邻点之间进行移动。

2) 连续轨迹(continuous path,CP)控制

（1）连续轨迹控制的必要性：在对大多数机器人进行控制时,不仅需要控制其位置到达某个位置,有时候还需要对运动的速度及过程进行控制。这时候,点位控制已经不能满足要求,这就需要用到连续轨迹控制。连续轨迹控制不仅要考虑机器人末端执行器达到目标点的精度,还需

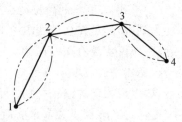

图 4-2　工业机器人 P2P 运动示意图

要保证机器人能沿所期望的轨迹在一定精度范围内运动。

（2）连续轨迹控制的定义：连续轨迹控制就是控制机器人能够平滑地跟踪某个规定的路径进行运动。这类运动控制的特点是速度可控,且能连续控制机器人手的位姿轨迹,一般要求轨迹光滑且运动平稳。如图 4-3 所示就是一段简单的轨迹。在弧焊、喷漆、切割等场所的机器人控制均属于连续轨迹的控制。

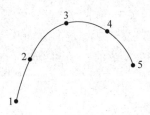

图 4-3　连续轨迹示意图

（3）连续轨迹规划的过程：轨迹是指机器人由初始点(位置和姿态)运动到终止点经过的空间曲线。在进行机器人连续轨迹控制之前,首先需要规划机器人的运动轨迹。除此之外还需要给出中间点(路径点)的位姿及路径点之间的运动时间。轨迹规划方案有两种：一种是在笛卡儿坐标系中的轨迹规划,用时间函数来表示机器人的位姿,另一种则是在关节空间中的轨迹规划。图 4-4 就属于后者,是将机器人的关节变量表示为基于时间的函数,再以导数的形式来描述机器人的预期动作。其规划路径并不是唯一的,只要满足路径点上的约束条件,就可以选取不同类型的关节角度函数,生成不同的轨迹。

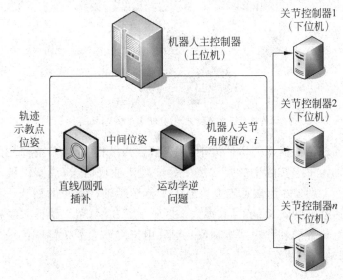

图 4-4　关节空间的轨迹规划

（4）实现关节空间轨迹的连续化过程：机器人 CP 运动的实现是以点到点的运动为基础，通过在相邻两点之间采用足够精度要求的直线或圆弧轨迹并进行插补运算，即可实现轨迹的连续化。在机器人再现轨迹时，主控制器（上位机）的作用是从存储器中逐点取出各视角点空间位姿的坐标值，并对其进行直线或圆弧的插补运算，生成相应的路径规划。下位机将接收各插补点的位姿坐标值，通过运动学逆解运算将其转换成关节角度值，再生成连续的轨迹。

4.1.1　机器人关节控制

机器人的关节控制是实现对机器人进行运动控制功能的具体操作。工业机器人末端操作器的位置和姿态是由各关节的运动决定的，因此机器人的运动控制实际上是对其关节进行控制。

要实现对机器人的关节控制，首先需要了解机器人的关节包含哪些部分。图 4-5 为关节型工业机器人的基本构造，其包含了众多的关节，如腰关节、肩关节、肘关节、腕关节等。关节通常包含两种：可以自由控制其按某一特定的方向移动的关节和可以自由旋转的关节。在工业机器人的操作中，关节的移动和旋转是实现工业生产任务目标的基本操作。

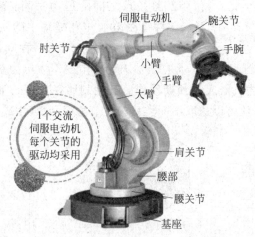

图 4-5　关节型工业机器人的基本构造

机器人的轴是指操作其本体的轴，属于机器人结构本体，目前商用的工业机器人大多以 8 轴为主。实际生产中常用的是 6 轴工业机器人，该操作机有 6 个可活动的关节（轴）。图 4-6 为常见工业机器人本体运动轴（关节）的划分。不同的工业机器人本体运动轴的定义也不同，如表 4-1 所示。其中，用于保证末端执行器达到工作空间任意位置的轴称为基本轴或主轴；用于实现末端执行器任意空间姿态的轴，称为腕部轴或次轴。

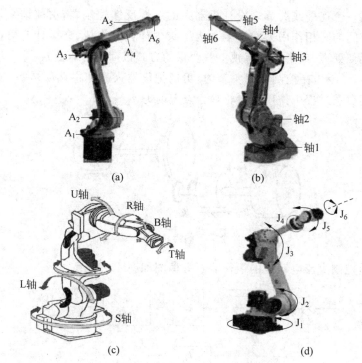

图 4-6　常见工业机器人本体运动轴（关节）

(a) KUKA；(b) ABB；(c) YASKAWA；(d) FANUC

表 4-1　不同机器人各种轴的划分

轴类型	轴名称				动作说明
	KUKA	ABB	YASKAWA	FANUC	
主轴	A_1	轴 1	S 轴	J_1	本体回旋
	A_2	轴 2	L 轴	J_2	大臂运动
	A_3	轴 3	U 轴	J_3	小臂运动
次轴	A_4	轴 4	R 轴	J_4	手腕旋转运动
	A_5	轴 5	B 轴	J_5	手腕上下摆运动
	A_6	轴 6	T 轴	J_6	手腕圆周运动

　　工业机器人的关节运动控制一般可分为两步：第一步是关节运动伺服指令的生成，指令的作用是将末端执行器在随后工作空间的位置和姿态等具体运动参数以关节变量的时间序列或者是关节变量随时间变化的函数等形式传达给关节机构，使之可以在离线的环境中执行。第二步是关节运动的伺服控制，即在线跟踪并执行第一步所生成的关节变量伺服指令。

　　首先从最简单的单关节位置控制开始讲起。对单个关节的控制可以避免同时控制机器人的各关节时产生的这些关节力和力矩相互影响、扰乱等问题，同时也可以通过控制单个连杆或关节来设计机器人的线性反馈控制器,由前馈来消除重力以及各关节间的互相作用力的影响。为了减少计算工作量,在设计时可以对补偿信号进行近似处理,或者采用忽视一些变量的方式以简化计算公式。

如图 4-7 所示,在控制单个关节时,可以把机器人看作主从动结构,视 F 为从电动机传到负载过程中作用在齿轮啮合点上的力。

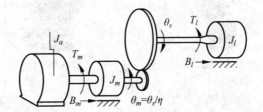

图 4-7 单个关节的齿轮负载一体装置

由电枢控制直流电动机的运行装置方框图如图 4-8 所示。

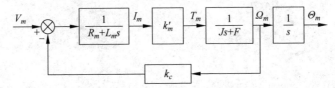

图 4-8 电枢控制直流电动机的运行装置方框图

在传动轴一侧,同理可得

$$T_m = T'_t - B_m \dot{\theta}_m = (J_a - J_m) \ddot{\theta}_m \tag{4-1}$$

下列两式成立:

$$T'_t = \eta^2 (J_t \ddot{\theta}_m + B_t \dot{\theta}_m) \tag{4-2}$$

$$T_m = (J_a + J_m + \eta^2 J_t) \ddot{\theta}_m + (B_m + \eta^2 B_t) \dot{\theta}_m \tag{4-3}$$

或

$$T_m = J \ddot{\theta}_m + B \dot{\theta}_m \tag{4-4}$$

式中:$J = J_{eff} = J_a + J_m + \eta^2 J_t$,为传动轴上的等效转动惯量;$B = B_{eff} = B_m + \eta^2 B_t$,为传动轴上的等效阻尼系数。

由此可得到电枢控制直流电动机的传递函数

$$\frac{\Theta_m(s)}{V_m(s)} = \frac{k'_m}{s[(R_m + L_m s)(F + Js) + k_e k'_m]} \tag{4-5}$$

根据图 4-7 可知 F 相当于 B,K_I 相当于式(4-11)的分子。同理可得到该位置控制器的驱动电机的传递函数

$$\frac{\Theta_m(s)}{V_m(s)} = \frac{K_I}{s[L_m J s^2 + (R_m J + L_m B)s + (R_m B + k_e K_I)]} \tag{4-6}$$

图 4-9 为位置控制器的方框图,根据拉氏变换可以得到开环传递函数

$$\frac{\Theta_s(s)}{E(s)} = \frac{\eta K_\theta K_I}{s[L_m J s^2 + (R_m J + L_m B)s + (R_m B + k_e K_I)]} \tag{4-7}$$

闭环传递函数为

$$\frac{\Theta_s(s)}{\Theta_d(s)} = \frac{\Theta_s(s)/E(s)}{1 + \Theta_s(s)/E(s)}$$

$$= \frac{\eta K_\theta K_I}{R_m J} \cdot \frac{1}{s^2 + (R_m B + K_I k_e)s/(R_m J) + \eta K_\theta K/(R_m J)} \tag{4-8}$$

理论上认为,上述系统总是趋于稳定。要提高其响应速度,通常需要提高系统的增益(如增大 K_θ)以及由电动机传动轴速度负反馈把某些阻尼引入系统,以加强反电势的作用。要做到这一点可以采用测速发电机,或者计算一定时间间隔内传动轴角位移的差值。图 4-10 即为具有速度反馈的位置控制系统。图中,K_t 为测速发电机的传递系数;K_1 为速度反馈信号放大器的增益。因为电动机电枢回路的反馈电压所以其开环传递函数和闭环传递函数也相应变为

$$\frac{\Theta_s(s)}{E(s)} = \frac{\eta K_\Theta}{s} \cdot \frac{s\Theta_m(s)}{K_\theta E(s)}$$

$$= \frac{\eta K_\theta K_I}{R_m J s^2 + [R_m B + K_I(k_e + K_1 K_t)]s} \tag{4-9}$$

$$\frac{\Theta_s(s)}{\Theta_d(s)} = \frac{\Theta_s(s)/E(s)}{1 + \Theta_s(s)/E(s)}$$

$$= \frac{\eta K_\theta K_I}{R_m J s^2 + [R_m B + K_I(k_e + K_1 K_t)]s + \eta K_\theta K_I} \tag{4-10}$$

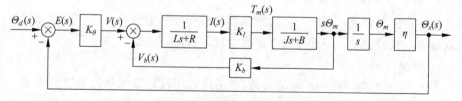

图 4-9　位置控制器方框图

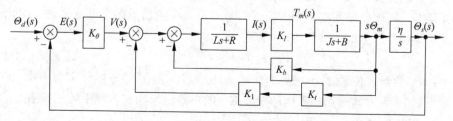

图 4-10　具有速度反馈的位置控制系统

4.1.2 机器人的力控制

1. 力控制的概念

在弧焊、搬运和喷漆等机器人作业时,机器人需要把持着工具沿规定的轨迹运动,全程与被操作的物料无直接接触,在这种纯运动控制的情况下,只需实现对机器人的位置控制即可。但另一类作业,如装配、抛光、打毛刺、擦窗和步行等则不但需要对末端执行器(工具)施加运动命令,而且还要使之与物料或地面保持一定的接触力,作业的末端执行器与其所接触的对象和环境之间除存在位置约束外,还存在作用力或力矩,需控制此作用力的大小和方向,这就是所谓机器人的力控制或柔顺控制。柔顺控制技术方法有被动力柔顺控制和主动力柔顺控制两种方式,前者靠末端弹性装置实现柔顺控制,特点是价格低、响应快,但使用受到一定的限制(要求末端作用长度短和方位确定),后者通过控制方法使末端达到所需要的刚度、阻尼或力作用的要求。力控制涉及的一些变量如表 4-2 所示。

表 4-2　力控制变量表

J	机器人雅可比矩阵	X	位置矢量	ΔX	位置矢量误差
X_D	期望位置矢量	N	重心、向心力的非线性前馈补偿矢量	X_E	环境位置矢量
K_E	传感器与环境刚度矩阵	F	接触力/力矩矢量	K_P	位置控制增益矩阵
K_V	速度控制增益矩阵	K_F	力信号转换成位置信号的顺应矩阵	τ	关节总矩阵/输入矢量

2. 基本力控制方法分类

基本力控制方法可以分为阻抗控制类和混合控制类两种。刚度控制和阻抗控制就属于阻抗控制类。下面便来介绍刚度控制和阻抗控制。

1) 刚度控制

图 4-11 为刚度控制的基本结构图,其是通过刚度矩阵来描述机器人末端力和位置的关系的,整体分为两部分,块 1 为控制器部分,块 2 为基本系统部分。基本系统部分包括机器人和与它所接触的环境、速度反馈、线性机器人动态系统的非线性补偿等。刚度控制环境包括力反馈信号和位置反馈信号两个部分。块 1 中定义了反映接触力部分的关节转矩 τ_p,其定义为

$$\tau_p = K_p \cdot \Delta\theta \tag{4-11}$$

式中: K_p 为调整位置命令的柔度矩阵,单位为 N/m,因此物理意义为刚度,主动刚度控制中,可以通过选择不同的矩阵 K_p 的参数值来指定机械手的机械刚度。

2) 阻抗控制

阻抗控制是同时规划位置轨迹和操作手机械阻抗的一种机器人控制系统,其

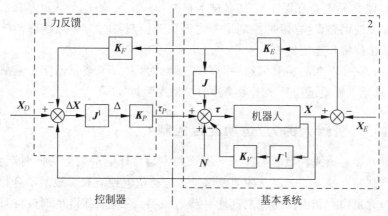

图 4-11 刚度控制的基本结构

核心思想是利用诺顿等效网络中的概念,以机器人控制系统可等效为一个物理系统这一前提,把外界环境等效为导纳,操作手等效为阻抗。速度 $\dot{\boldsymbol{X}}$ 与作用力 $\boldsymbol{F}$ 的关系被定义为机械阻抗 $\boldsymbol{Z}_m$,其在频率域内可表示为

$$\frac{\boldsymbol{F}(s)}{\dot{\boldsymbol{X}}(s)} = \boldsymbol{Z}_m(s) \tag{4-12}$$

若表示为位置 $\boldsymbol{X}$ 与作用力 $\boldsymbol{F}$ 之间的关系,则为

$$\frac{\boldsymbol{F}(s)}{\boldsymbol{X}(s)} = s\boldsymbol{Z}_m(s) \tag{4-13}$$

在先行情况下,目标阻抗可定义为

$$s \cdot \boldsymbol{Z}_m(s) = \boldsymbol{M}s^2 + \boldsymbol{D}s + \boldsymbol{K} \tag{4-14}$$

在上式中,常数矩阵 $\boldsymbol{M}, \boldsymbol{D}, \boldsymbol{K}$ 分别表示目标惯性值、目标阻尼值、目标刚度值。图 4-12 给出了基本阻抗控制结构图,阻抗式控制环境可决定一个恰当的 $\boldsymbol{Z}_m$ 值。由图 4-12 中可见阻抗控制是刚度控制和阻尼控制的综合。

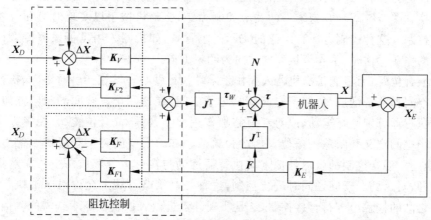

图 4-12 阻抗控制结构

图 4-12 实际上是在图 4-11 的基础上再叠加一个反馈环,即速度和接触力对速度影响的反馈回路,这样阻抗控制是一比例积分控制器。力传感器感知的力信号被用于修正位置和速度的关系。

图 4-12 中,块 2 的控制回路在与环境接触时,起到了修正操作手阻尼常数的作用,当机器人需要适应环境阻尼特性时要使用阻抗控制。

4.1.3　机器人的力/运动混合控制

机器人擦玻璃或拧螺丝等都属于机器人手端与环境端接触的同时产生的,具有位置控制和力控制二者混合的问题情景。这类位置控制和力控制融合在一起的控制问题就是位置和力混合控制问题。步行机器人在行走时,足部机构与地面的接触力会不断变化,其对腿各关节的控制是一个典型且严格的位置和力混合控制问题。在支撑状态下,由于机体的运动,支撑点与步行机器人重心间的相对位置会不断变化,这将导致其足部与地面接触的力不断变化,因此各关节的位置都需要额外控制。位置和力混合控制系统的特点是位置和力都是独立控制的,其控制规律是以关节坐标为基准而给出的。使用这种混合控制方法可以方便地实现柔顺控制。顺应控制也是机器人学研究的一个重要的研究方向,其是指机器人顺应外部环境的各种控制,实质上也是力和位置的混合控制。环境可被视为一个简单的机械系统,其在受力时会产生微小变形,在发生接触时,环境产生的力应由机器人操作手与环境这两个相互耦合系统的动态平衡特性来描述。机器人执行任务时需要与环境接触,这要求机器人不仅需到达预先设定好的位置,还要提供必要的力以克服环境模型产生的抵抗力或者顺应环境,因此机器人力控制是多任务目标的结合,这也是研究混合控制的原因。混合控制是指机器人末端执行器的某个方向因环境关系受到约束时,同时进行不受方向约束的位置控制和受方向约束的力控制的方法。其基本思想是在柔顺坐标空间将任务分解为某些自由度的位置控制和另一些自由度的力控制,并在任务空间分别进行位置控制和力控制的计算,然后将计算结果转换到关节空间合并为统一的关节控制力矩,驱动机械手以实现对力和位置的混合控制。这种控制方法有广泛的实际需求背景,如机器人用黑板擦擦掉黑板上文字的作业。这时,垂直黑板面的方向为约束方向。

混合位置/力控制是指机器人操作手末端执行器与环境相接触时,末端执行器坐标空间自然解耦成"位置子空间"和"力子空间"在这两个子空间的相应方向上,末端执行器分别进行运动,或对环境施加作用力。这样,混合位置/力控制方法在位置子空间定义和跟踪一条位置(方向)轨迹。在力子空间定义和跟踪一条力(力矩)轨迹。混合控制的目标是把末端执行器运动与接触力分解成两个独立解耦的子问题,对这两个子问题同时进行控制,这种控制策略直观上允许对末端执行器/环境之间的接触力进行直接控制,这是实现许多机器人控制任务所必需的。但是,作为位置控制与力控制分别考虑的结果,混合位置/力控制方法需要详尽的任务描述,在实现时还要考虑控制率的切换。另外,这种问题容易产生鲁棒性问题,尤其在自由运动与受限运动的切换过程中。如图 4-13 所示是位置/力混合控制结构图。

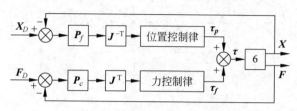

图 4-13　位置/力混合控制结构图

在图 4-13 中,P_c 和 P_f 组成了动静滤波器,这种滤波器基于螺旋空间解耦,与前期广为使用的选择矩阵相比其区别在于这种动静滤波器的参考系在原点位置与坐标单位变化时不受任何影响,而后者在此种情况下只会给出错误结论。通过 P_c 选择需要进行位置控制的自由度。通过 P_f 选择需要进行力控制的自由度。总转矩 τ 为 $\tau = \tau_p + \tau_f$,其中:p 和 f 分别是位置子空间和力子空间计算出的转矩。这样,两者的控制率可以分别实现,对于期望位置轨迹和期望力轨迹的不同要求可以同时实现。

4.2　机器人运动控制算法

随着机器人工作速度和精度的提高,很多现代控制理论都被应用到了机器人控制领域,以解决高度非线性及强耦合系统的控制问题。目前,这些控制技术包括鲁棒控制、最优控制、解耦控制、自适应控制、PID 控制、变结构滑模控制及神经元网络控制等。但机器人是一个十分复杂的多输入多输出非线性系统,它具有时变、强耦合和非线性等动力学特征,其控制是十分复杂的。因此在设计时,必须面对大量不确定性因素,如对象的质量、摩擦力等参数变动大、重复性小、无法准确测出等。正因如此,高品质的机器人控制必须综合考虑各种不确定性因素。

4.2.1　经典 PID 控制

PID 控制器由于其结构简单、使用方便和鲁棒性强等优点,在工业控制中得到了广泛的应用,但由于传统 PID 控制器的结构还不完美,普遍存在积分饱和、过渡时间与超调量之间矛盾大等缺点。所以改进传统 PID 控制器也就成了人们研究的热点。本节主要介绍 PID 控制的基本原理、基本结构,PID 控制器参数对控制性能的影响和控制规律的选择等。

PID 控制器的基本结构和基本原理如下:

PID 控制是一种基于对"过去、现在、未来"信息产生的偏差进行估计的有效而简单的控制算法。常规 PID 控制系统的原理图如图 4-14 所示。

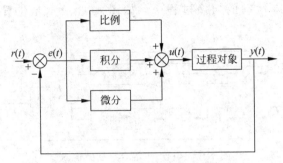

图 4-14　PID 控制系统原理图

整个 PID 控制系统主要由 PID 控制器和被控对象组成的反馈回路构成。作为一种线性控制器，PID 控制器根据输入值和实际输出值构成偏差，即 $e(t)$。然后对偏差按比例、积分和微分通过线性组合构成控制量，以对被控对象进行控制，PID 控制器的理想算法为

$$u(t) = K_p \left[e(t) + \frac{1}{T_i} \int e(t) \mathrm{d}t + T_d \frac{\mathrm{d}e(t)}{\mathrm{d}t} \right] \tag{4-15}$$

当然，通过不同的组合形式和结构，PID 控制器还有多种不同的形式，如比例（P）、积分（I）、微分（D）调节器串联、不完全微分调节器等。所谓的 PID 控制实际上就是控制器通过控制系统的反馈信息来合理调节三个控制参数，从而达到最终对过程对象进行控制的过程。这三个控制参数的取值优劣直接影响 PID 控制系统的控制效果。

4.2.2　变结构控制

变结构控制是对具有不定性的动力学系统进行控制的一种重要方法，是一种非连续反馈控制系统。其主要特点是会在一种开关曲面上建立滑动模型（称为"滑模"）。由于这种"滑模"对系统参数及外界干扰不敏感，因而能忽略机器人关节间的相互作用。变结构控制器的设计不需要精确的动力学模型，只需要确定参数的范围，所以变结构控制适合对机器人的运动进行控制。

变结构控制系统基本原理如下：

1）设计问题

$$u_i(\boldsymbol{x}, t) = \begin{cases} u_i^+(\boldsymbol{x}, t), & s_i(\boldsymbol{x}) > 0 \\ u_i^-(\boldsymbol{x}, t), & s_i(\boldsymbol{x}) < 0 \end{cases} \tag{4-16}$$

式中 $s_i(\boldsymbol{x}) = 0$ 是 m 维切换函数

$$s(\boldsymbol{x}) = 0$$

系统动态方程可写为

$$\dot{\boldsymbol{x}}(t) = \boldsymbol{f}(\boldsymbol{x}, \boldsymbol{u}, t) \tag{4-17}$$

式中：x 为 n 维状态向量；u 为输入向量；f 为状态向量与输入向量的非线性函数。

在几何上 $s(x)=0$ 又称为切换曲面、超平面或流形，它通常包含状态空间的坐标原点。不难看出，不连续曲面 $s(x)=0$ 将状态空间分割为 2 个区域或 2 个连续子系统，而每个子系统具有不同的控制器结构，所以在整个空间中控制是不连续的。因此，以上式子组成的闭环系统称为变结构控制系统（VSCS）。

2) 滑动和滑态

滑态是变结构控制系统的主要特征，变结构控制系统对系统参数具有完全的或较强的鲁棒性和不变性。当系统状态 x 位于某个切换面 $s(x)=0$ 的邻域中时，式(4-16)的控制总是使状态趋向这个切换曲面。因此，系统的状态将迅速达到曲面 $s_i=0$，且保留在这个曲面。如图 4-15(a) 所示，系统状态沿 $s_i=0$ 的运动称为滑动。滑动可以发生在所有状态空间区域，其状态称为滑动模态，简称滑态。系统的控制设计不仅可以设计成单滑模面控制，也可以设计成多滑模面控制，如图 4-15(b) 所示。

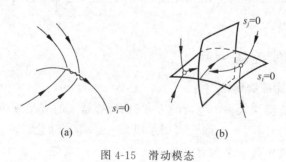

(a)　　　　　　　　　　　　　(b)

图 4-15　滑动模态

(a) 滑动；(b) 多滑模面控制

4.2.3　最优控制

最优控制问题近年来一直是控制领域研究的热点，它主要致力研究使控制系统的性能指标达到最优化的条件和方法，并已经在现实系统取得较多应用。

在传统控制方法中，大多数控制器设计只着重要求系统达到控制目标，而忽视了控制过程中的各种指标，如能耗最少、路径最短、姿态最优等。与之相对的最优控制方法不仅要求实现控制目标，而且在控制的过程中要保证预设的性能指标具有最优值，即寻找系统最优控制策略，使系统达到控制目标的同时保证预定评价函数最优。对于线性系统或非线性系统来说，解算传统最优控制问题通常需要离线求解黎卡提方程（ARE 方程）或哈密顿-雅克比-贝尔曼方程（HJB 方程）。

动态规划（DP）算法是一种应用贝尔曼最优性原理求解最优控制问题的工具。

但是,由于动态规划求解非线性系统时存在众所周知的"维度灾难"问题,这导致真正运用 DP 算法在线求解最优控制变得尤为困难。此外,传统求解最优控制问题需要假设系统动态完全已知或部分已知,这对于时变非线性含未知动态的系统来说,求解对应的 HJB 方程变得更加困难。

考虑最优控制算法研究的通用性,选取以下的连续系统

$$\dot{x}(t) = a(x(t), u(t)) \tag{4-18}$$

式中 $a(t)$ 是一个关于状态变量 $x(t)$ 和控制输入 $u(t)$ 的非线性光滑函数。其中 $x(t) = [x_1(t), x_2(t), \cdots, x_n(t)]^T \in \mathbb{R}^n$, $u(t) = [u_1(t), u_2(t), \cdots, u_m(t)]^T \in \mathbb{R}^m$

为便于定量分析系统的性能,会选择一个性能评价指标。最优控制也就是能使该性能测量指标有一个最小值(最大值)。相关文献中使用较多的性能指标函数形式如下:

$$V(x(t)) = \int_t^\infty r(x, u) \mathrm{d}\tau \tag{4-19}$$

其中 $r(x(t), u(t)) = x^T(t)Qx(t) + u^T(t)Ru(t)$ 表示标量函数,对称矩阵 $Q \geqslant 0$ 和 $R > 0$ 分别指的是对应的变量权重,且满足 $Q \in \mathbb{R}^{n \times n}$, $R \in \mathbb{R}^{m \times m}$。需要注意的是,控制输入不仅需要使系统在容许控制域内稳定,还需使性能指标函数具有最小值。

4.2.4 智能控制

1. 机器人智能控制理论

当今机器人已经深入人类生活的方方面面,机器人的应用领域具有广泛性,种类具有多样性,其控制系统也综合利用了机器人学和自动化领域的最新技术。智能机器人的控制技术是一个包含诸如电子电路技术、先进制造技术、网络技术、计算机技术、多传感器信息融合技术等专业技术领域的,多学科融合的研究领域。人类生活对高度智能化机器人的需求使得基于经典优化方法的控制策略已经远远不能满足智能机器人技术发展的需要。基于此,人们迫切需要寻找具有柔顺性和智能性的机器人控制策略。

2. 智能控制系统的分类

智能系统包括递阶控制系统、专家控制系统、模糊控制系统、神经控制系统、学习控制系统与进化系统等,下文将重点介绍前三种。

1)递阶控制系统

递阶控制系统是按照精度随智能降低而提高的原理实现的系统,以 IPD 分级分布,由三个基本控制级构成,分别是组织级、协调级和执行级。其级联结构如图 4-16 所示。

组织级代表整个控制系统的主导思想;协调级是组织级(上级)和执行级(下级)间的过渡级;执行级是递阶控制的最后一阶层,在对其执行的过程中,需要以

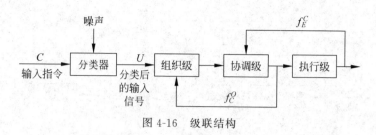

图 4-16　级联结构

精度较高且不需要较高的智能条件为前提。整个系统通过概率模型来表示组织级推理、规划和决策的不确定性、指定协调级的任务以及发挥对执行级的控制作用。

2）专家控制系统

专家控制系统一般包含知识库、推理机、控制规则集等，如图 4-17 所示。

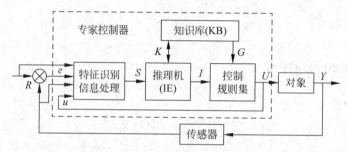

图 4-17　专家控制系统的基本结构

专家控制系统的特征识别与信息处理单元是整个控制系统的初始输入端，其首先将特性信息进行处理，主要包括获取动态过程的特征信息并检测该信息是否满足后续进一步提取与加工的条件，为控制决策和学习适应提供依据；知识库用于存放工业过程控制领域的知识；推理机用于记忆所采用的规则和控制策略，使整个系统协调地工作；推理机能够根据知识进行推理，搜索并导出结论至控制规则集。

3）模糊控制系统

如图 4-18 所示，模糊控制系统的基本结构可以分为四个基本单元，其分别是模糊化接口、知识库、推理机和模糊判决接口等。

（1）模糊化接口。模糊化接口可以测量输入变量和受控系统的输出变量，并把它们映射到一个合适的响应论域的量程，然后，将适当的语言值或模糊集合的标识符传递给推理机。

（2）知识库。它由数据库和语言（模糊）控制规则库组成，数据库为语言控制规则的论域离散化和隶属函数提供定义，语言控制规则库标记控制目标和领域专家的控制策略。

（3）推理机。推理机是模糊控制系统的核心，其以模糊概念为基础，可获取模

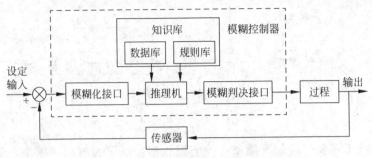

图 4-18　模糊控制系统的基本结构

糊控制信息,实现拟人决策过程,并根据模糊输入和模糊控制规则、模糊推理求解模糊关系方程,获得模糊输出。

(4) 模糊判决接口。模糊判决接口起到的是推断作用,可产生精准的或非模糊的控制作用。

4.3　典型应用案例

1. 问题描述

机器人是一种具有高度非线性、强耦合的对象,且在工作中具有诸如摩擦、负载变化等不确定因素。传统的基于对象的控制方法很难精确地控制机器人的跟踪轨迹,故本案例为了获得精确的机器人跟踪轨迹,将利用模糊控制,以专家控制经验控制机器人在作业中的非线性和不确定因素,在不依赖对象的数学模型的优势下保持较强的鲁棒性。

机器人的控制就是解决机器人的末端执行器按照给定的轨迹、速度、加速度进行运动时发生的问题。但是对于机器人这种高度非线性、强耦合的控制对象而言,要实现高精度、无超调、快速平稳的控制是非常困难的。目前,大部分算法都需要准确的机器人动力学模型。如果系统的模型存在较大的误差,则将对机器人控制系统的动态特性和轨迹跟踪精度等指标造成很大的影响。由于模糊控制不需要被控对象有精确的动力学模型,仅通过对输入和输出信号的检测即可达到对机器人的控制要求,所以其越来越得到广泛应用。

2. 控制系统的设计

1) 控制系统的结构

下面将以两关节机械手为例,设计一种机器人的模糊控制系统,系统的结构如图 4-19 所示。图中采用了两个相同的模糊控制器各控制一个关节。θ_1^d 和 θ_2^d 表示两关节的期望位置,θ_1 和 θ_2 是两关节的实际位置,e_1、e_2 为两关节的位置误差,ec_1、ec_2 为经微分后得到的误差变化率。K_{e1}、K_{e2}、K_{ec1}、K_{ec2} 为量化因子,分别将 e_1、e_2、ec_1、ec_2 的论域转化为模糊控制器的输入论域,转化后得到模糊控制器 1 的

输入 E_1、EC_1 和模糊控制器 2 的输入 E_2、EC_2。U_1、U_2 分别是两模糊控制器的输出，K_{U1}、K_{U2} 为比例因子，分别将模糊控制器的输出论域转换为实际的输出论域，转换后得到作用于关节 1 的转矩 t_1 和作用于关节 2 的转矩 t_2。这样就能确定模糊控制器的输入和输出变量。

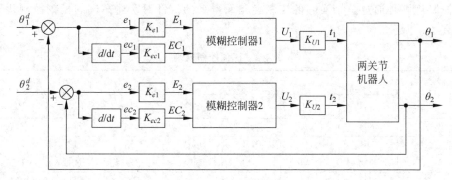

图 4-19　控制系统结构

2）模糊控制器的设计

模糊控制器的输入为误差 E 和误差变化 EC，输出为控制量 U。输入和输出的论域都定义为 $[-6,6]$，即 $[-6,-5,-4,-3,-2,-1,0,1,2,3,4,5,6]$。在上述论域中各定义 7 个语言词集，即 {"负大""负中""负小""零""正小""正中""正大"} = {NB,NM,NS,ZO,PS,PM,PB}。以上每个语言词集对应一个隶属函数，隶属函数采用高斯基函数，即

$$\mu_{A_i}(x) = \exp\left\{-\frac{(x-a_i)^2}{b_i^2}\right\} \tag{4-20}$$

式中：a_i 为函数的中心值；b_i 为函数的宽度。与 {NB,NM,NS,ZO,PS,PM,PB} 对应的高斯基函数的 a_i 值分别为 $[-6,-5,-4,-3,-2,-1,0,1,2,3,4,5,6]$，$b_i$ 值均为 2。隶属函数的形状和分布如图 4-20 所示。

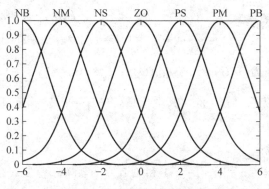

图 4-20　隶属函数的形状与分布

3) 控制规则设计

控制规则的设计是设计模糊控制器的关键。一般模糊控制器控制规则的设计原则：当误差较大时,控制量的变化应尽力使误差迅速减小;当误差较小时,除了要消除误差外,还要考虑系统的稳定性,防止系统产生不必要的超调甚至振荡。模糊控制规则是通过总结实际的控制经验而得来的。针对上述案例的模糊控制规则如表 4-3 所示。

表 4-3　模糊控制规则

U		EC						
		NB	NM	NS	ZO	PS	PM	PB
E	NB	NB	NB	NB	NB	NM	ZO	ZO
	NM	NB	NB	NB	NB	NM	ZO	ZO
	NS	NM	NM	NM	NM	ZO	PS	PS
	ZO	NM	NM	NS	ZO	PS	PM	PM
	PS	NS	NS	ZO	PM	PM	PM	PM
	PM	ZO	ZO	PM	PB	PB	PB	PB
	PB	ZO	ZO	PM	PB	PB	PB	PB

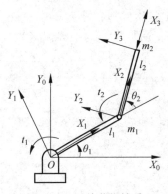

图 4-21　两关节机械手

3. 控制过程

为了证明模糊控制应用于机器人控制的有效性,可用图 4-19 设计的模糊控制系统来控制图 4-21 所示的两关节机械手。

机械手的动力学模型如式

$$\tau = M(\Theta)\ddot{\Theta} + V(\Theta,\dot{\Theta}) + G(\Theta) + F(\dot{\Theta}) + T_d(\Theta,\dot{\Theta})$$

其具体参数为 $m_1 = 10\text{kg}$、$m_2 = 2\text{kg}$、$l_1 = 1.1\text{m}$、$l_2 = 0.8\text{m}$。初始条件为 $\theta_1(0) = 0\text{rad}$、$\theta_2(0) = 1\text{rad}$、$\dot{\theta}_1(0) = \dot{\theta}_2(0) = 0\text{rad/s}$。期望轨迹为 $\theta_1^d(t) = \sin(2\pi t)$、$\theta_2^d(t) = \cos(2\pi t)$,采样周期为 $0.0005s$。摩擦项和扰动项分别为 $F(\dot{\Theta}) = 0.5\text{sign}(\dot{\Theta})$、$T_d(\Theta,\dot{\Theta}) = \begin{bmatrix} 5\cos(5t) \\ 5\cos(5t) \end{bmatrix} \text{N} \cdot \text{m}$。

可选择量化因子 $K_{e1} = 200$、$K_{e2} = 200$、$K_{ec1} = 1$、$K_{ec2} = 2$;比例因子 $K_{U1} = 500$、$K_{U2} = 100$。

4. 结果与分析

图 4-22 和图 4-23 分别为关节 1 和关节 2 的轨迹跟踪曲线;图 4-24 和图 4-25 分别为关节 1 和关节 2 的跟踪误差曲线。

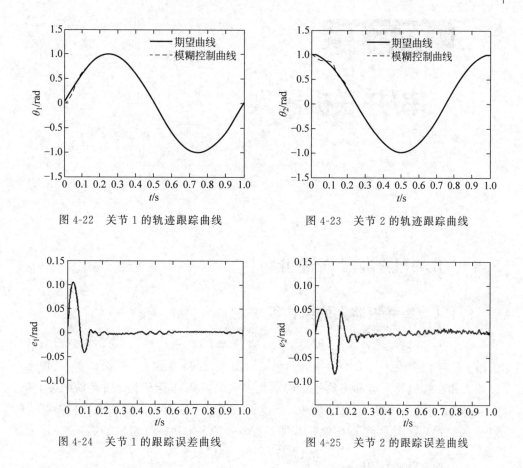

图 4-22 关节 1 的轨迹跟踪曲线

图 4-23 关节 2 的轨迹跟踪曲线

图 4-24 关节 1 的跟踪误差曲线

图 4-25 关节 2 的跟踪误差曲线

仿真实验结果表明,在本案例中设计的模糊控制系统能较好地用于机器人的轨迹跟踪控制,具有较好的动、静态性能和抗干扰性。此处所设计的系统能够很好地克服机器人系统中存在的非线性、不确定性等因素的影响,取得很好的控制效果。

习题

1. 工业机器人的点位控制与轨迹控制有什么区别?
2. 工业机器人的智能控制系统包括哪些?
3. 最优控制的目的是什么?
4. 经典 PID 控制的原理是什么? 有什么作用?

第5章

串/并联机器人

5.1 串/并联机器人简介

5.1.1 串联机器人的结构组成

本节主要以典型的六自由度关节式工业机器人(六轴机器人)为例来介绍串联机器人的结构组成。工业中常用到的码垛机器人、焊接机器人、喷涂机器人、传送机器人和装卸机器人等都是典型的串联机器人。串联机器人主要由运动副(运动关节)以及刚性连杆组成,机械手在开链式的末端或串联机器人的末端即自由端会连接有一个夹持式手抓,即末端执行器。机械手的末端执行器可以是钻头、油漆喷枪、焊枪、焊炬、真空吸头等。

根据工作性质的不同串联机器人(serial robot)的末端执行器也会有所变化。例如,抓取实物时可以装接码垛末端执行器;搬运货物时可以装接搬运末端执行器;焊接材料时可以装接焊枪或者焊炬等。如图 5-1 所示的是串联机器人的机构组成。不难发现,串联机器人是模仿人的手臂来进行设计的,它包括基座、腰关节、肩关节、臂部、肘关节、腕部等部分。由此可知,串联机器人除了包括末端执行器握持工件或工具的机械装置外,还包括各种为完成工作所需的运动和操作任务而安装的机械部分。

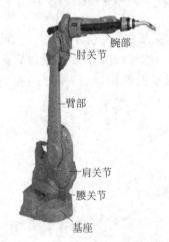

腕部
肘关节
臂部
肩关节
腰关节
基座

图 5-1　串联机器人的机构组成

典型的关节式串联机器人的各个关节名称及其组成部分的功能作用如表 5-1 所示。

表 5-1　串联机器人各关节部位的名称及组成部分的功能作用

关 节 名 称	功 能 作 用
基座	相当于人的身躯,其作用是支持和支撑手臂的运行
腰关节	相当于人的腰部,协调机器人的整个身体(上肢、腰及下肢)的动作,完成各种不同的工作
肩关节	相当于人的肩膀,给手臂提供支持和转动的方向,以便手臂完成各种不同方向的工作
臂部	相当于人的大臂和小臂,是操作器的主要执行部件。其作用是用来支撑腕部和手部,并带动它们一起在空间运动,从而使手部按指定的运动轨迹运动
肘关节	相当于人的肘关节组织,是连接大臂和小臂的关节结构,主要作用是连接和支持臂部的连接与运动
腕部	相当于人的手腕,是连接臂部和手部的部件,其作用是调节和改变手部件的方位,指定手抓中所握的物件或对象的位置和姿态

5.1.2　并联机器人的结构组成

并联机器人(parallel robot),顾名思义就是采用并联机构的机器人。在工业自动化和其他领域中,广泛应用并联机器人进行高精度、高速度和协作性能要求较高的任务。与传统工业串联机器人在应用上构成互补关系,它是一个封闭的运动链,和串联机器人相比较,一般由上下运动平台和两条或者两条以上运动支链构成,运动平台和运动支链之间构成一个或多个闭环机构,通过改变各个支链的运动状态,使整个机构具有多个可以操作的自由度。如图 5-2 所示,并联机器人按自由度数目分类,可分为二自由度并联机器人、三自由度并联机器人、四自由度并联机器人、五自由度并联机器人、六自由度并联机器人。

本节以四轴并联的蜘蛛手机器人为例来介绍并联机器人的结构组成。如图 5-3 所示,其机械结构由动平台、静平台、主动臂、从动臂和中间轴组成,作为并联机器人的重要组成部分的动平台(也称活动盘),是并联机器人实现运动轨迹的直接输出机构。动平台所能到达的空间范围,直接影响在末端拾、放过程中的路径跨度,甚至是来料速度、传送带运行速度。而在中间轴末端的设计,在起到连接固定盘与旋转盘作用机构的同时直接影响旋转过程中的角度与精度。

综上所述,并联机器人是指动平台和静平台,通过至少两个独立的运动链相连接,机构具有两个或者两个以上的自由度,以并联方式驱动的一种闭环的机器人。

在并联机构中,确定两个构件相互运动关系的重要因素是运动副。运动副是指若两相邻构件之间在空间机构有一个公共轴线 S_j,并且允许这两个构件沿着或绕着该轴线 S_j 做相对运动,则这两个构件就构成一个运动副。运动副有转动副、

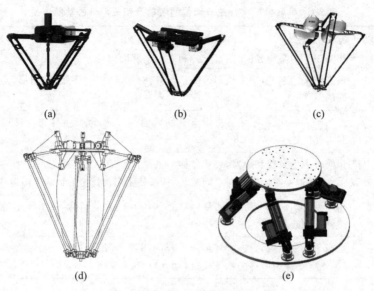

图 5-2 按自由度数目分类的并联机器人

（a）二自由度并联机器人；（b）三自由度并联机器人；（c）四自由度并联机器人；（d）五自由度并联机器人；（e）六自由度并联机器人

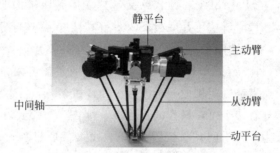

图 5-3 并联机器人的结构组成

移动副、万向铰副、螺旋副以及球面副等多种类型。并联运动副的具体类型如表 5-2 所示。

表 5-2 各运动副结构图以及说明

组成并联机构的运动副及其机构图	说明
基本运动副	转动副,具有 1 个相对自由度($f=1$),通常以字母 R 表示

组成并联机构的运动副及其机构图	说明
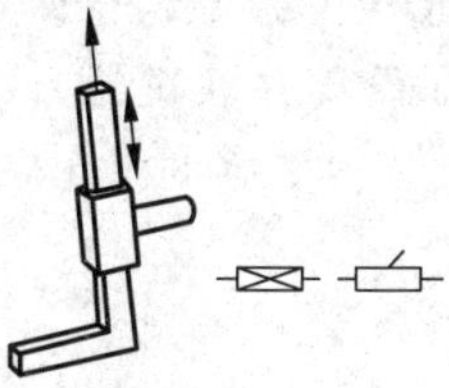	移动副,具有 1 个相对自由度($f=1$),通常以字母 R 表示
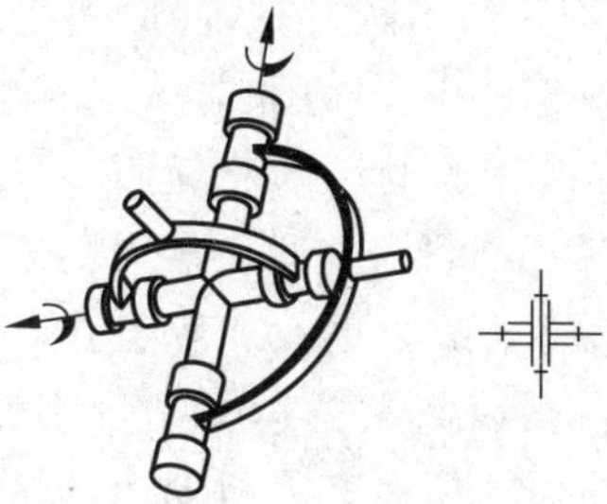	万向铰副,也称卡丹(Cardan)铰或虎克(Hooke)铰,完全等效于轴线相交的 2 个转动副,具有 2 个相对自由度($f=2$),通常以字母 T 表示
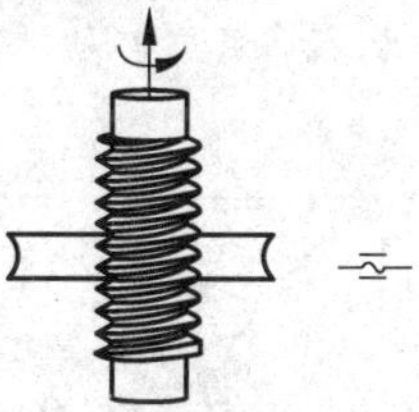	螺旋副,用于将回转运动转换为直线,具有 1 个相对自由度($f=1$),通常以字母 H 表示
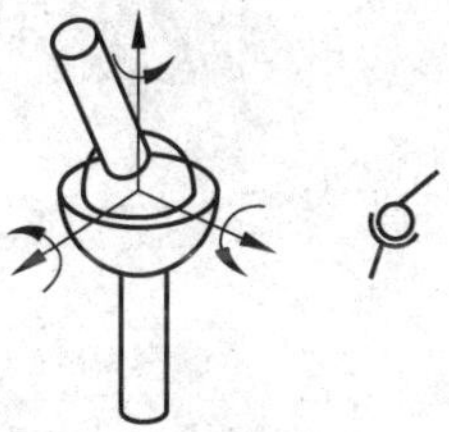	球面副,球面副允许两构件之间具有 3 个独立的、以球面为中心的相对转动,具有 3 个相对自由度($f=3$),通常以字母 S 表示
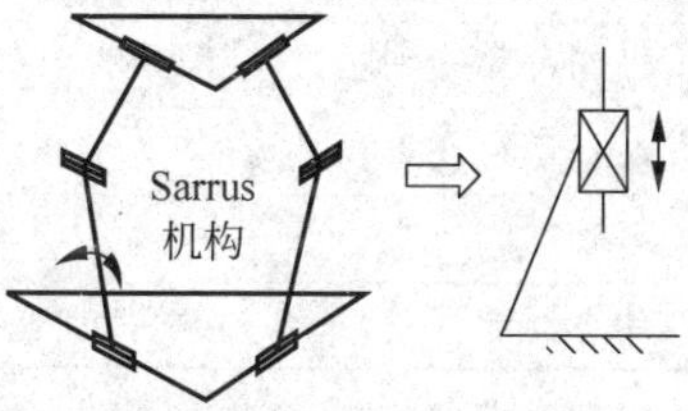	例如 Sarrus 机构可作广义移动副,非期望运动输出为常量
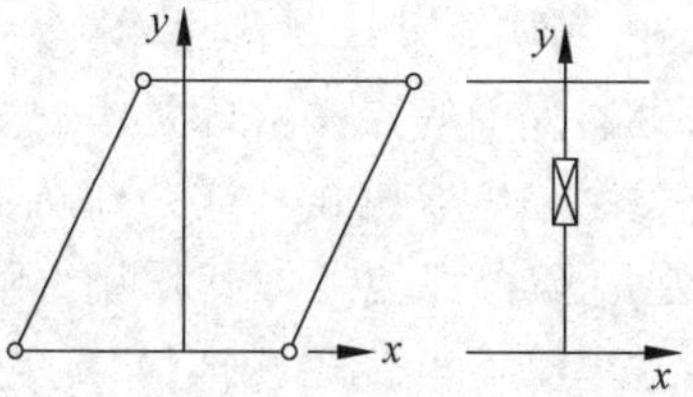	平行四边形 4R 机构代替 P 副,沿 x,y 轴的运动输出有一个为非独立的变量,非期望运动输出为非独立的变量

基本运动副

广义运动副

由于前述的特点,并联机器人相对串联机器人而言具有更优越的功能。具体来讲,它是由多条运动链构成的机械结构,这样的机械机构构成从根本上决定了并联机器人的性能。但与此同时,多链运动的并联机器人除了具有良好的稳定性和可靠性外,多链结构也会限制其工作空间。因此在设计并联机器人结构时需要综合考虑并联机器人的各项性能指标,让并联机器人获得更好的工作状态。

5.1.3 串/并联机器人的区别与特点

从串联机器人和并联机器人的结构组成差异中不难发现,并联机器人与串联机器人在结构上能够形成互补的关系。在工业生产中,并联机器人的种类更多、运用更广泛,可以更好地完成一些串联机器人难以完成的活动和任务。与串联机器人相比,并联机器人的刚性好,结构稳定,精度高。此外,并联机器人的末端动平台以并联支路杆件支撑作为输出构件,这使得它的承载力更大。由于并联机器人末端执行器和它的基座之间具有环形的闭链结构,因此它的运动惯量小、运动惯性低、动力性能好。因为并联机器人有以上诸多优点,所以其在机器人领域得到了更为广泛的应用。串、并联机器人的机构特点比较参见表5-3。

表 5-3 串、并联机构特点比较

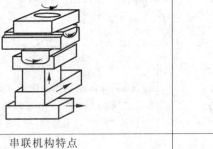

串联机构特点	并联机构特点
底层平台支撑包括自身的所有机构	6个支柱共同支撑一个轻质的动平台
机构刚度和精度低、稳定性差	机构可靠性和精度高、稳定性好
误差有累积效应	误差不存在累积效应
运动空间大,灵活性强	运动空间较小,可通过软件实现虚轴转动
运动惯量相对较大,不宜实现高速或超速操作	动态性能优越,适合高速、高加速场合

很多人认为并联机器人会比串联机器人好,其实不然。实际上,许多串联机器人的优点正是并联机器人的缺点,相反,并联机器人的优点又恰好是串联机器人的缺点。它们在应用上不是替代关系而是互补关系。串联机器人或并联机器人的各个功能的特点都有其特殊的应用领域,在特定的场合都能发挥其作用。而混联机器人就是把它们结合在一起,使其优势互补,这里将不再赘述。

5.2 典型应用案例

1. 问题的描述

应用于工业的机器人主要有两大类型,即串联机器人和并联机器人。串联机器人是应用最广泛的机器人,典型的有装配机器人、搬运机器人、焊接机器人、码垛机器人等,本小节以焊接机器人在工业中的具体应用为例,介绍焊接机器人在全国首个液化天然气(liquefied natural gas,LNG)船中的运用。案例中的焊接机器人在 LNG 船制造中的任务是对来自澳大利亚订单的 17.2 万 m^3 LNG 船进行智能的分段焊接,学习本案例需要达成以下目标:

(1) 理解案例中焊接机器人在生产中的焊接工艺;

(2) 熟悉并掌握焊接机器人的作业实施流程及常用编程;

(3) 用 RobotStudio 对焊接系统进行设计;

(4) 进行精度小于 $\pm 0.3mm$,焊接时长为 50s 的点焊或弧焊作业。

2. 工艺设计

案例中的焊接机器人主要是对 LNG 船长 54m 和宽为 11m 的生产线进行平面分段焊接,焊接工艺设计流程见表 5-4。

表 5-4 焊接工艺设计流程

工 序	实 景
① 4 台焊接机器人通过协议合作,分别位于两台工作台上,每个工作台的两个机器人共同焊接生产线的一半物料,移动焊接轨迹如右图所示	
② 焊接机器人通过协调合作将机械臂移动到指定焊接的位置,从生产线前端开始有规律地进行焊接工作	

工　　序	实　　景
③ 焊接机器人通过焊接完第一个工序之后调节自由度,向前移动到下一步需要焊接的平面上	
④ 定位到第二个需要焊接的位置后,固定好工作台,向下移动	
⑤ 确定好要焊接的位置后,把末端执行器(焊枪)对准需要焊接的地方,准备进行焊接	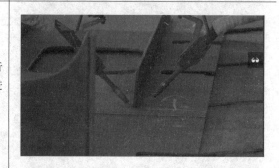
⑥ 启动控制系统,开启焊接作业。结束后重复工序③~工序⑥,直到焊接任务结束	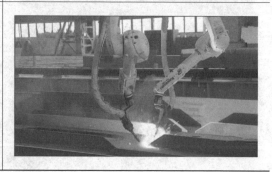

3. 系统总体设计

1）系统组成

串联焊接机器人的系统主要由焊接机器人、焊接电源、焊枪、焊丝卷、送丝机、变位机、机器人控制柜、机器人示教器等组成,如图 5-4 所示。

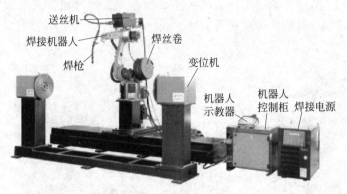

图 5-4　焊接机器人的总体系统

（1）工业机器人本体选型。本案例运用在 LNG 船的焊接机器人是川崎(Kawasaki)研发并生产的 RA010N 型弧焊机器人,它具有 6 个自由度,属于多关节型机器人。该机器人在 LNG 船订单中将以悬挂式的安装方式进行平面分段焊接,如图 5-5 所示。除了常规的控制系统和驱动系统,川崎焊接机器人集成的自适应激光视觉系统可允许操作员在焊接作业时查看焊接电极前面的接合情况,以方便操作员在焊接之前和焊接期间确定状况并实时跟踪接合处的几何形状。川崎还提供启动传感和可触传感来确定焊缝的正确位置。其支持的多道自适应填充技术适用于重沉积焊接应用。

（a）　　　　　　　　　　　　　　　　（b）

图 5-5　RA010N 型弧焊机器人

（a）焊接机器人本体；（b）工作中的焊接机器人

（2）伺服驱动系统。伺服驱动系统大致可以分为四大类,分别是液压驱动、气动驱动、电机驱动和新型驱动。伺服驱动系统是连接机器人本体与机器人末端执行器的桥梁,通过示教操作使执行系统实施相应的动作。工业机器人较常用的伺服驱动系统是电机驱动,本案例采用的也是电机驱动。

(3)末端执行器。机器人的末端执行器所在的位置是机器人主体的末端位置,这个位置是与任务点直接或间接接触的位置,用于执行所需的任务要求。在不同的工作任务中,末端执行器所连接的工具也不同。焊接机器人的末端执行器有焊钳、焊枪、焊炬、切割炬和喷枪等。本案例的焊接机器人使用的末端执行器是焊枪,如图 5-6 所示。

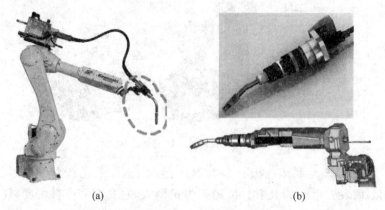

(a)   (b)

图 5-6 焊接机器人末端执行器

(a)焊接机器人整体图;(b)末端执行器焊枪结构图

2)焊接机器人周边设备

焊接机器人的周边设备指的是除焊接机器人本体之外的各种设备,在作业中,焊接机器人需要周边的一些辅助设备来完成焊接任务。本案例使用的焊接机器人工作台是集成化的,与工业中常见的地面安装型的焊接机器人工作台不同。因为焊接作业的难度大、复杂性高、重复性强,所以本案例使用的是悬挂移动式焊接机器人工作台。例如图 5-7 的控制器、示教器与测试台。

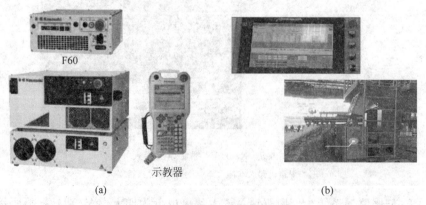

F60

示教器

(a)   (b)

图 5-7 控制器、示教器与测试台

(a)控制器与示教器;(b)控制器与测试台

4．控制系统的设计

1）硬件控制系统的设计

焊接机器人硬件控制系统的设计原理结构是在分层递阶智能基础上形成的，焊接机器人的硬件控制系统构成如图5-8所示。由图中可以看出焊接机器人的控制系统硬件机构主要由六自由度弧焊机器人本体和中央控制计算机组成。作为控制系统中心的中央控制计算机与熔透控制、焊缝导引、系统仿真、知识库、焊缝跟踪及机器人控制等各个单元互相控制与制约。

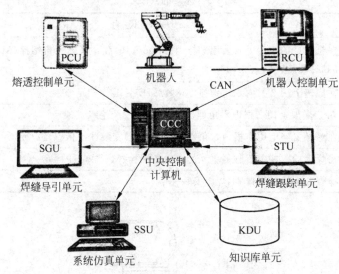

图 5-8　焊接机器人的硬件控制系统构成

2）软件控制系统的设计

焊接机器人的软件控制系统往往是依据焊接机器人的硬件控制系统来进行规划和设计的，只有这样其各组件才能得到有效管理，实现协调合作。焊接机器人的软件系统设计构成如图5-9所示，其与焊接机器人的硬件系统相互匹配，软件系统

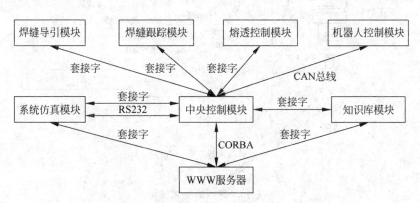

图 5-9　焊接机器人的软件系统设计构成

中作为核心的中央控制模块与熔透控制、焊缝导引、系统仿真、知识库、焊缝跟踪及机器人控制等各个模块也是互相控制与制约的。

5. 任务实施

1）焊接单元的安装与气路的连接

（1）焊接单元的安装。本案例中焊接机器人末端执行器即焊炬的安装遵循表 5-5 中的焊接单元安装步骤，焊炬的安装结构如图 5-10 所示。

表 5-5　焊炬的安装步骤

步　　骤	安 装 说 明
第一步	在机械臂的法兰上安装用平行销钉(Φ6×10)和 4 根内六角螺栓(M6×12)固定的底座
第二步	在底座上用 2 根内六角螺栓(M8×25)安装 L 支架
第三步	在 L 支架上用 2 根内六角螺栓(M8×20)安装绝缘支架
第四步	在绝缘支架上用 4 根内六角螺栓(M5×20)安装冲击传感器单元
第五步	将焊炬插入冲击传感器单元的内六角螺栓(M5×20)中固定
第六步	检查各螺栓是否拧紧，焊炬安装完毕

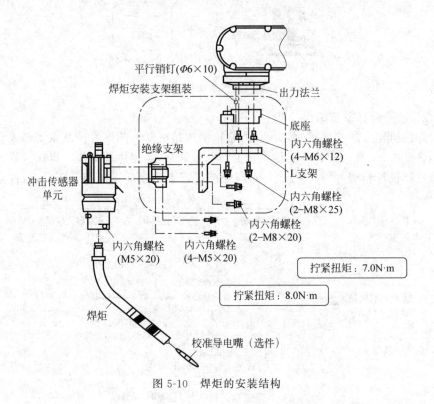

图 5-10　焊炬的安装结构

（2）焊接机器人气路的连接。机器人的机械臂内壁中设置有气管和阀门,在使用时通过示教器上的 ON/OFF 来控制气路的开关以驱动机器人的末端执行器来进行任务。焊接机器人的气路连接与供气到机械手臂的气路如图 5-11 所示。

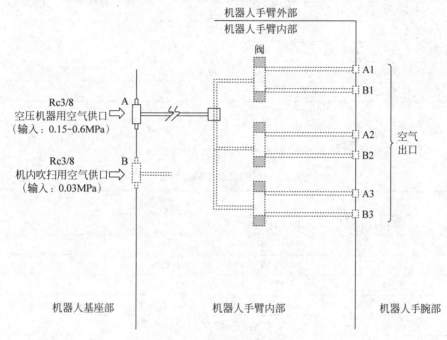

图 5-11　焊接气路连接图

2）示教点调试

本案例为在 LNG 船使用的机器人,属于弧焊机器人,其示教点的运动轨迹为直线,如图 5-12 所示,示教点调试如表 5-6 所示。

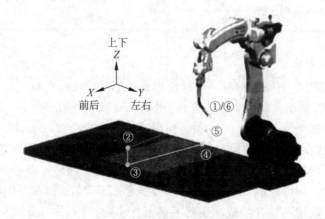

图 5-12　焊接机器人直线运动轨迹示意图

表 5-6　示教点调试步骤

示教点	示教点调试
① 机器人原点	Home 点或自定义
② 焊接临近点	自定义
③ 焊接开始点	自定义
④ 焊接结束点	自定义
⑤ 焊炬规避点	自定义
⑥ 机器人原点	Home 点或自定义

3）弧焊机器人运行程序

弧焊机器人的运行程序如表 5-7 所示。

表 5-7　弧焊机器人的运行程序

步数	开始程序
0001	TOOL＝1：TOOL01
0002	MOVEP　P001,20.00m/min
0003	MOVEP　P002,20.00m/min
0004	MOVEL　P003,20.00m/min
0005	ARC-SET　AMP＝120　VOLT＝19.2　S＝0.50
0006	ARC-ON　ArcStart1　PROCESS＝0
0007	MOVEL　P004,20.00m/min
0008	CRATER　AMP＝100　VOLT＝18.0　T＝0.00
0009	ARC-OFF　ArcEnd1　PROCESS＝0
0010	MOVEL　P005,20.00m/min
0011	MOVEP　P006,20.00m/min
	结束程序

6. 应用效果分析

根据本节案例的任务特点，可选择使用悬挂式焊接机器人精准定位，然后进行焊接，如图 5-13 所示。相较于人工焊接，机器人焊接拥有许多优点：高效性，人工一天即使加班加点最多也就焊接 80m，而焊接机器人 8 小时就能焊接 400m；合格率高，人工焊接误差较大、焊缝和气孔一致性难保证、合格率低，而焊接机器人焊接出来的产品更加整齐一致，精度也更高，合格率能达到 96%。因为焊接机器人首次在船舶行业中应用就取得了显著的效果，故船厂在 2016 年获得中国工业大奖，机器人焊接的应用不仅对船舶行业起了模范作用，也给其他行业为提高效益使用机器人奠定了基础。

图 5-13　应用效果示意图

习题

1. 什么是串联机器人？
2. 典型的关节型串联机器人的组成部分有哪些？并分别说明其作用。
3. 什么是并联机器人？
4. 组成并联机器人的运动副有哪些？并举例说明其作用。
5. 请说明串联机器人与并联机器人的区别。

第 6 章

仿生机器人

6.1　仿生机器人简介

　　生物在自然界经过了亿万年的进化,每种生物都有其为了适应环境而深化出的独特能力及相关生理结构。仿生学(bionics)是研究模仿生物的这些特殊本领的学科,其通过了解生物的结构和功能原理来研制各种机械和技术,以解决机械技术方面的难题。仿生学主要是观察、研究和模拟自然界生物各种各样的特殊本领,包括生物自身的结构、原理、行为及器官功能等,是科学地利用这些原理提供新的设计思想、工作原理和系统架构的技术科学。科学家们将自然界中生物结构和功能的研究成果应用在机器上使之具有生物结构和相关特性就是仿生机器人。仿生机器人是仿生学和机器人需求的高度融合,其诞生极大地促进了机器人领域的发展,开拓了机器人领域的疆土,使人们从大自然中获取的灵感应用于实际的生产实践中。仿生学在机器人领域的应用引起了各国研究人员的关注,并取得了大量成果。

6.1.1　仿生机器人体系结构

　　机器人体系结构就是指为完成指定目标的一个或几个机器人在信息处理和控制逻辑方面的结构。

　　参照自然界中从低级到高级的各种生命形态,从控制逻辑和信息处理的角度来看,可以把生命实现各种技巧与能力的控制方式分为以下四种:

　　(1)本能式行为控制,是指生命生来就有的,只需由大脑皮层以下的神经中枢参与即可完成的一种比较低级的神经活动,这种能力在生物学上被称为先天性本能。

　　(2)反射式行为控制,是指生物出生以后在非条件反射的基础上,在大脑皮层的参与下经过一定的过程积累后对直接的物理信号所形成的一种高级的神经活动。

　　(3) 慎思式行为控制,是指具有语言中枢的高级生命体对由具体信号抽象而来的语言、文字所产生的反应,这种反应多发生在具有社会属性的高级生命体和智能体之间。

　　(4) 社会式行为控制方式,是指具有语言中枢的高级生命体对抽象的语言、文字信号所产生的反应,这种反应多发生在具有社会属性的高级生命体之间,以抽象的语言文字为信息载体和传递介质,以多生命体或智能体间的社会机制为协调、制约和竞争的控制策略。

　　借鉴基于反应式智能的行为分解思想,依据行为级别的高低可以将控制体系结构化分为多个行为层,各行为层间(行为划分标准)应该是:

　　(1) 由被动的行为到主动的行为。

　　(2) 由基本的行为到复合的行为。

　　(3) 由低级的行为到高级的行为。

　　(4) 由反射式行为到目标式行为。

　　(5) 由基于安全的行为到面向任务的行为。

　　(6) 由硬件直接实现的行为到需要复杂计算甚至是分布式协同计算的行为。

　　借鉴反应式智能的思想,在控制体系结构中引入本能式行为控制层;借鉴生物的条件反射思想,在控制体系结构中引入反射式行为控制层;借鉴慎思式智能的思想,在控制体系结构中引入慎思式行为控制层;借鉴分布式智能的思想,在控制体系结构中引入社会式行为控制层;借鉴生物的自适应性思想,在控制体系结构中实现本代内的由慎思式行为层到反射式行为层的学习;借鉴生物的自进化性思想,在控制体系结构中实现多代间的由反射式行为层向本能式行为层的进化(或退化)。

　　所以,仿生式体系结构共由四个行为控制层组成,即本能式行为控制层、反射式行为控制层、慎思式行为控制层和社会式行为控制层等,它们并行接收来自感知层的外部和内部信息,各自做出逻辑判断和反应,发出控制信息并传递到末端执行层,通过竞争和协调来调节自身并适应外部环境,从而按照目标完成工作任务。

　　仿生式体系结构的整体组成如图 6-1 所示,其工作流程为:

图 6-1　仿生机器人体系结构图

　　(1) 感知层感知机器人内部和外界的敏感信息,分类传至数据库。

　　(2) 本能式的信息直接传至本能式行为控制层,如不为零则直接传至执行层,触发对应的行为,同时将触发行为保存至决策库。

(3) 反射式的信息传至反射式行为控制层,归类后经模糊逻辑判断触发相应的行为,同时将模糊决策结果保存至决策库。

(4) 慎思式的信息传至慎思式行为控制层,归类后经神经网络推理得出模糊决策,存至决策库并触发相应的行为。

(5) 社会式行为控制层感知和接收来自其他仿生机器人或人类的决策信息,同时提取本身的底层决策结构,综合衡量比较处理后得出决策,存至决策库并触发相应的行为。

6.1.2　仿生机器人驱动与控制

目前根据能量转换方式可将仿生机器人的驱动器划分为液压驱动、气压驱动、电气驱动与新型驱动装置等几种。在选择机器人驱动器时,除了要充分考虑机器人的工作要求外,如工作速度、最大搬运物重、驱动功率、驱动平稳性、精度要求等,还应考虑其是否能够在较大的惯性负载条件下提供足够的加速度,使之满足作业要求。

1. 液压驱动

液压驱动所用的压力通常为 $5\sim320\text{kgf/cm}^2$。

1) 优点

(1) 能够以较小的驱动器输出较大的驱动力或力矩,即获得较大的功率重量比。

(2) 可以把驱动油缸直接做成关节的一部分,结构简单紧凑,刚性好。

(3) 由于液体的不可压缩性存在,所以其定位精度比气压驱动高,并可实现任意位置的开停。

(4) 液压驱动调速比较平稳,能在很大的调整范围内实现无级调速。

(5) 使用安全阀可简单而有效地防止过载现象发生。

(6) 液压驱动具有润滑性能好、寿命长等特点。

2) 缺点

(1) 油液容易泄漏。这不仅影响工作的稳定性与定位精度,而且会造成环境污染。

(2) 油液黏度会随温度而变化,因此性能和可靠性易受环境温度影响。

(3) 油液中容易混入气泡、水分等,易使系统的刚性降低,速度特性及定位精度变差。

(4) 需配备压力源及复杂的管路系统,因此成本较高。

(5) 适用范围受限,液压驱动方式大多用于要求输出力较大而运动速度较低的场合。

在机器人液压驱动系统中,近年来以电液伺服系统驱动最具代表性。

2. 气压驱动

气压驱动在工业机械手中应用较广,其适用的压力通常为 0.4～0.6MPa,最高可达 1MPa。

1）优点

(1) 响应性好,压缩空气的黏性小,流速大,一般压缩空气在管路中流速可达 180m/s,而油液在管路中的流速仅为 2.5～4.5m/s。

(2) 气源方便,一般工厂都有压缩空气站供应压缩空气,也可由空气压缩机制备。

(3) 废气可直接排入大气,不会造成污染,因此在任何位置只需连接一根高压管即可工作,比液压驱动设备干净而简单。

(4) 通过调节气量可实现无级变速。

(5) 由于空气具有可压缩性,故气压驱动系统具有较好的缓冲作用。

(6) 可以把驱动器做成关节的一部分,所以其结构简单、刚性好、成本低。

2）缺点

(1) 工作压力偏低,所以功率重量比小、驱动装置体积大。

(2) 由于气体具有可压缩性,所以气压驱动很难保证较高的定位精度。

(3) 使用后的压缩空气向大气排放时会产生噪声。

(4) 因压缩空气含冷凝水,故气压系统易锈蚀,在低温下易结冰。

3. 电气驱动

电气驱动就是利用各种电动机产生力与力矩,直接或经过机械传动间接去驱动执行机构,以实现机器人的各种运动。因为省去了中间能量转换的过程,所以电气驱动比液压及气动驱动效率高,使用方便且成本低。电气驱动大致可分为普通电机驱动、步进电机驱动与直线电机驱动三类。

1）普通电机驱动

普通电机包括交流电机、直流电机及伺服电机。交流电机一般不能进行调速或难以进行无级调速,即使是多速交流电机也只能进行有限的有级调速。直流电机能够实现无级调速,但直流电源价格较高,这限制了它在大功率机器人上的应用。

2）步进电机驱动

步进电机驱动的速度与位移大小可由电气控制系统发出的脉冲数加以控制。由于步进电机的位移量与脉冲数严格呈正比关系,故步进电机驱动可以达到较高的重复定位精度,但是步进电机速度不能太高,其控制系统也比较复杂。

3）直线电机驱动

直线电机结构简单、成本低,其动作速度与行程主要取决于其定子与转子的长度。在反接制动时直线电机定位精度较低,必须增设缓冲及定位机构。

4. 新型驱动装置

随着机器人技术的发展,越来越多新型驱动装置得以涌现,如磁致伸缩驱动器、压电驱动器、静电驱动器、形状记忆合金驱动器、超声波驱动器、人工肌肉等技术都已开始应用在各种仿生机器人上。

1) 磁致伸缩驱动器

磁性体的外部一旦加上磁场,其外形尺寸便会发生变化(焦耳效应),这种现象称为磁致伸缩现象。此时,如果磁性体在磁化方向的长度增大,则称为正磁致伸缩;如果磁性体在磁化方向的长度减少则称为负磁致伸缩。反之,从外部对磁性体施加压力,磁性体的磁化状态也会发生变化,称为逆磁致伸缩现象。基于此原理,人们开发出了磁致伸缩驱动器。这种驱动器主要用于微小驱动场合。

2) 压电驱动器

压电材料就是一种受到力作用时其表面会出现与外力成比例电荷的材料,又称压电陶瓷。反之,把电场加到压电材料上,则压电材料也会产生应变,输出力或变位。利用这一特性可以制成压电驱动器,这种驱动器的驱动精度可以达到亚微米级。

3) 静电驱动器

静电驱动器可以利用电荷间的吸力与排斥力互相作用的顺序驱动电极,进而使设备产生平移或旋转运动。因静电作用属于表面力,故它与元件尺寸的二次方成正比,在微小尺寸变化时也能够产生很大的能量。

4) 形状记忆合金驱动器

形状记忆合金是一种特殊的合金,它记忆了任意形状后,即使将它扭曲、变形,当把它加热到某一适当温度时,它都会恢复为变形前的形状。已知的形状记忆合金有 Au-Cd,In-Ti、Ni-Ti、Cu-Al-Ni、Cu-Zn-Al 等几十种。使用形状记忆合金这一特性制造的驱动器即为形状记忆合金驱动器。

5) 超声波驱动器

所谓超声波驱动器就是利用超声波振动作为驱动力的一种驱动器,其由振动部分与移动部分所组成,靠振动部分与移动部分之间的摩擦力来驱动。由于超声波驱动器没有铁芯与线圈,具备结构简单、体积小、质量轻、响应快、力矩大等特点,不需配合减速装置就可以低速运行,因此,它很适合用于机器人、照相机与摄像机等设备的驱动作业。

6) 人工肌肉

随着机器人技术的发展,仿生驱动器按传统的电机——减速器机械运动机制向骨架——腿肌肉的生物运动机制顺序发展,模仿人的手臂来完成各种柔顺作业,这种为了实现骨骼肌肉的部分功能而研制的驱动装置称为人工肌肉驱动器。

仿生机器人的控制方法也有经典控制、现代控制和智能控制等多种系统方法,随着仿生机器人的驱动装置的不断发展,仿生机器人的控制方法也在不断推陈出新。

6.1.3 仿生机器人材料

1. 常规材料

1) 金属材料

金属材料是最重要的工程材料,其包括金属和以金属为基的合金。工业上把金属和其合金分为两大部分:黑色金属材料,即铁和以铁为基的合金(钢、铸铁和铁合金);有色金属材料,即黑色金属以外的所有金属及其合金。有色金属按照性能和特点可分为轻金属、易熔金属、难熔金属、贵重金属、稀土金属和碱土金属。机器人常用的材料除了黑色金属材料以外,多为以下几种合金:

(1) 铝及其合金。工业纯铝可制作电线、电缆、器皿及配制合金。铝合金可用于制造承受较大载荷的机器零件和构件,包括以下几种:①防锈铝合金(LF)。主要用于焊接件、容器、管道以及承受中等载荷的零件及制品,也可用作铆钉。②硬铝合金(LY)。低合金硬铝塑性好、强度低,主要用于制作铆钉,常称铆钉硬铝;标准硬铝合金强度和塑性属中等水平,主要用于轧材、锻材、冲压件和螺旋桨叶片及大型铆钉等重要零件;高合金硬铝合金元素含量较多,强度和硬度较高,塑性及变形加工性能较差,用于制作重要的销和轴等零件。③超硬铝合金(LC)。这类合金的抗蚀性较差,高温下软化快,多用于制造受力大的重要构件,如飞机大梁、起落架等。④锻铝合金(LD)。这类合金主要用于承受重载荷的锻件和模锻件。

(2) 铜及其合金。铜是一种常见的金属元素,它具有良好的导电性、导热性和可塑性。铜合金具有较高的强度和塑性,具有高的弹性极限和疲劳极限,同时还具有较好的耐蚀性、抗碱性及优良的减摩性和耐磨性。一般铜合金分黄铜、青铜和白铜等三类,常用的为前两类。①黄铜(H)。以锌为主要合金元素的铜合金称为黄铜。②青铜(Q)。青铜原指铜锡合金,但工业上习惯称含铝、硅、铅、锰等金属成分的铜基合金为青铜。③白铜(B)。是一种以镍为主要合金元素的铜合金。

(3) 镍及其合金。镍及镍合金是化学、石油、有色金属冶炼等领域处于高温、高压、高浓度腐蚀性液体等各种苛刻环境下比较理想的金属材料。

(4) 钛及其合金。钛熔点高、热膨胀系数小、导热性差、强度低、塑性好,与此同时钛的合金具有优良的耐蚀性和耐热性,其抗氧化能力优于大多数奥氏体不锈钢,且在较高温度下仍能保持较高的强度。常温下钛具有极好的抗蚀性能,在大气、海水、硝酸和碱溶液等介质中十分稳定,但在任何浓度的氢氟酸中其都会迅速溶解。

(5) 铅及其合金。铅在大气、淡水、海水中很稳定,其合金对硫酸、磷酸、亚硫酸、铬酸和氢氟酸等具有良好的耐蚀性,但铅不耐硝酸的腐蚀,在盐酸中也不稳定。

(6) 镁及其合金。镁是一种轻金属,具有低密度、高强度和良好的化学稳定性。镁合金是航空工业的重要结构材料,它能承受较大的冲击、振动载荷,并有良好的机械加工性能和抛光性能。其缺点是耐蚀性较差、缺口敏感性大且熔铸工艺复杂。

2) 非金属材料

非金属材料包括耐火材料、耐火隔热材料、耐蚀(酸)非金属材料、陶瓷材料和常用高分子材料等。

(1) 耐火材料。耐火材料是指能承受高温而不易损坏的材料。常用的耐火材料有耐火砌体材料、耐火水泥及耐火混凝土。

(2) 耐火隔热材料。耐火隔热材料又称为耐热保温材料。常用的隔热材料有硅藻土、硅石、玻璃纤维(又称矿渣棉)、石棉及其制品。

(3) 耐蚀(酸)非金属材料。耐蚀(酸)非金属材料主要是金属氧化物、氧化硅和硅酸盐等,在某些情况下它们是不锈钢和耐蚀合金的理想替代品。常用的非金属耐蚀材料有铸石、石墨、耐酸水泥、天然耐酸石材和玻璃等。

(4) 陶瓷材料。它是由一类以无机非金属物质为主要成分的材料,经过高温烧结而成。常用的陶瓷材料有电子元件、半导体器件、电容器等。

(5) 常见高分子材料。高分子材料一般常用于非传动及动力部件,表6-1是一些常见的高分子材料及其用途。

表 6-1 常用高分子材料的代号及其用途

名 称	代 号	典型应用范围
丙烯腈-丁二烯-苯乙烯共聚物	ABS	汽车工业(仪表盘、工具舱门、车轮盖、反光镜盒等),电冰箱,大强度工具(吹风机、搅拌器、食品加工机、割草机等)
聚碳酸酯和丙烯腈-丁二烯-苯乙烯共聚物的混合物	PC/ABS	计算机和商业机器的壳体、电器设备、草坪和园艺机器、汽车零件(仪表盘、内部装饰以及车轮盖)
聚碳酸酯	PC	电器和商业设备(计算机元件、连接器等),生活器具(食品加工机、电冰箱抽屉等),汽车工业(车辆前后灯、仪表盘等)
聚碳酸酯和聚对苯二甲酸丁二酯的混合物	PC/PBT	齿轮箱、汽车保险杠以及要求具有抗化学反应和耐腐蚀性、热稳定性、抗冲击性以及几何稳定性的产品
聚酰胺12(尼龙12)	PA12	水量表和其他商业设备、电缆套、机械凸轮、滑动机构以及轴承等
聚酰胺6(尼龙6)	PA6	由于有很好的机械强度和刚度被广泛用于结构部件。由于有很好的耐磨损特性,还用于制造轴承

续表

名　　　称	代　号	典型应用范围
聚酰胺 66(尼龙 66)	PA66	同 PA6 相比,PA66 更广泛用于汽车、仪器壳体以及其他需要有抗冲击性和高强度要求的产品
聚对苯二甲酸乙二醇酯	PET	汽车工业(结构器件如反光镜盒,气部件如车头灯、反光镜等),电器元件(马达壳体、电气联结器、继电器、开关、微波炉内部器件等),工业应用(泵壳体、手工器械等)
聚对苯二甲酸丁二酯	PBT	家用器具(食品加工刀片、真空吸尘器元件、电风扇、吹风机壳体、咖啡器皿等),电器元件(开关、电机壳、保险丝盒、计算机键盘按键等),汽车工业(散热器格窗、车身嵌板、车轮盖、门窗部件等)
聚对苯二甲酸乙二醇酯-1,4-环己烷二甲醇酯	PETG	医药设备(试管、试剂瓶等),玩具,显示器,光源外罩,防护面罩,冰箱保鲜盘等
聚乙醚	PEI	汽车工业(发动机配件如温度传感器、燃料和空气处理器等),电器及电子设备(电气联结器、印刷电路板、芯片外壳、防爆盒等),产品包装,飞机内部设备,医药行业(外科器械、工具壳体、非植入器械)
聚苯乙烯	PS	产品包装,家庭用品(餐具、托盘等),电器设备(透明容器、光源散射器、绝缘薄膜等)
苯乙烯-丙烯腈共聚物	SAN	电器设备(插座、壳体等),日用商品(厨房器械、冰箱装置、电视机底座、卡带盒等),汽车工业(车头灯盒、反光镜、仪表盘等),家庭用品(餐具、食品刀具等),化妆品包装等
聚氯乙烯	PVC	供水管道,家用管道,房屋墙板,商用机器壳体,电子产品包装,医疗器械,食品包装等
聚丙烯	PP	汽车工业(主要使用含金属添加剂的挡泥板、通风管、风扇等),生活器具(洗碗机门衬垫、干燥机通风管、洗衣机框架及机盖、冰箱门衬垫等)
低密度聚乙烯	LDPE	碗,箱柜,管道连接器
高密度聚乙烯	HDPE	电冰箱容器、存储容器、家用厨具、密封盖等

2. 智能材料

基于智能材料的柔性仿生机器人是当今水下机器人研究领域的热点之一。智能材料驱动的水下仿生机器人具有微型化、柔性化、智能化、低噪声以及易于主动实现复杂运动等特点,其外形结构更加符合生物学特性,和传统驱动方式相比具有较大的优越性。

智能材料如形状记忆合金(shape memory alloy,SMA)、离子导电聚合物材料(ion-conductirg polymer composites,IPC 或者 ionic conducting polymer film,ICPF)、压电材料和碳纳米复合材料(nano-carbon composites)近年来发展迅速,国内外研究人员利用其中较为成熟的材料设计并研发出一系列新型水下仿生机器人。采用智能材料制造的仿生机器人能够很容易地完成柔性化的复杂运动,从生物学机制上讲有很大的优势。智能材料潜力巨大,不同的智能材料在性能和特点上差异很大,都有各自的优、缺点,本节将以国内外近几年研究的几种水下仿生鳍机器人为例,分析其结构特点、驱动模式,并将针对其驱动效率进行一定的量化对比,探讨其中的不足,从而了解智能材料。

1) 形状记忆合金材料

形状记忆合金(SMA)在高温下定形后冷却到低温,施加变形时会存在残余变形,若再加热升温到某一确定的温度,就能恢复到变形前的形状,此过程可以循环往复,这种明显的特征就是形状记忆效应(shape memory effect,SME)。

形状记忆合金之所以有形状记忆效应,原因在于其存在两种不同的分子状态,高温时其为奥氏体相,低温时则为马氏体相,其微结构变化过程为:冷却状态的孪晶马氏体发生变形后变为变形马氏体;变形马氏体加热后逆转为奥氏体,形状恢复;奥氏体冷却后,再次变为孪晶马氏体,如图 6-2 所示,以此实现形状记忆的功能。

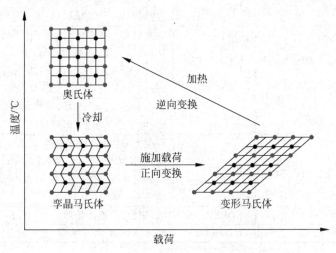

图 6-2　SMA 材料形状记忆原理图

2) 离子导电聚合物材料

离子导电聚合物材料(ICPF)是一种电活性高分子材料(electroactive polymer,EAP),其主体是聚合物薄膜,如 Nafion 隔膜。聚合物薄膜的两面镀有薄的贵金属(如铂、金)电极。因其具有感知和驱动的双重功能故被称为智能材料。当在 ICPF

的聚合物薄膜表面电极处施加电压时,在静电力作用下,ICPF 内部可活动阳离子将会重新分布,带动水合水分子向阴极运动,这将导致阳离子和水分子在阴极积累。在静电力和膨胀力的共同作用下使 ICPF 向阳极方向弯曲变形,如图 6-3所示。

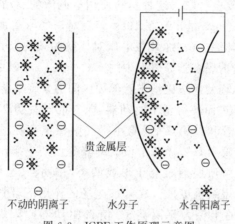

贵金属层

⊖ 不动的阴离子　 ∨ 水分子　 ❋ 水合阳离子

图 6-3　ICPF 工作原理示意图

3) 压电材料

所谓压电效应,通俗地说就是物体在外力作用下发生形变时,某些对应的表面上产生异号电荷的现象。在这个过程中没有外加电场的作用,仅是由于形变使材料的电极化状态发生改变而产生电荷,实现了机械能到电能的转换。压电效应是可逆的,即仅在电场作用下压电材料也会产生形变,实现电能到机械能的转换,这一现象被称为逆压电效应。压电材料具有较强的正、负压电效应,既可作为传感器又可作为驱动器。

目前主要压电材料可分为无机和有机(聚合物)压电材料,其中无机压电材料主要是单晶体(如石英 SiO_2)和多晶体(如锆钛酸铅 P62rxTiI-X03,PZT),后者结构见图 6-4。PZT 材料具有良好的压电效应,其可以用来制造驱动元件。有机压电材料主要是聚偏二氟乙烯(PVDF 或 PVF2)。

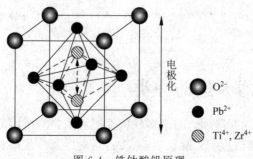

电极化

● O^{2-}
● Pb^{2+}
◍ Ti^{4+}, Zr^{4+}

图 6-4　锆钛酸铅原理

4）碳纳米复合材料

根据碳纳米复合材料（nano-carbon composites）的驱动原理可将其分为电热致动驱动、光致驱动和湿度致动驱动。由于光致驱动的驱动频率很低，故其不适用于水下机器人的驱动。另外，湿度驱动同样不适用于水下环境。所以下面仅介绍电热致动驱动碳纳米复合材料。这种材料使用电刺激的驱动最为常见，它可以把电能转换成机械能。Baughman 等在 1999 年就对碳纳米管的电热致动驱动的原理做了探究。在电解池溶液中，加外在电压对单壁的碳纳米管纸进行周期性的电化学充放电，碳纳米管薄膜层管束表面中的 Na^+ 与 Cl^- 可以中和外加电压向碳纳米管中注入的电荷，从而使两边碳纳米管薄膜中间的长度平衡被打破，导致其发生显著的量子伸缩效应，进而使得整个驱动器、向左或向右摆动。陈韦等在 2014 年设计了一种基于纳米管和石墨烯的、能在空气中稳定存在的柔性电机械离子型驱动器。这种碳纳米管和石墨烯离子型驱动器是由两个碳纳米电极层与夹在两电极之间的聚合物电解质层通过热压形成的类"三明治"结构，如图 6-5（a）所示就是一种新型纳米分层结构电极。在外加电场的作用下，阴、阳离子向两边的电极移动，由于阳离子的半径大于阴离子，使得驱动器向阳极弯曲，如图 6-5（b）所示。

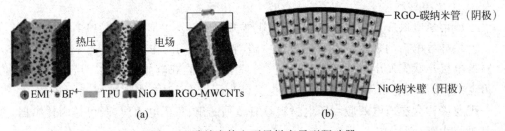

图 6-5　碳纳米管和石墨烯离子型驱动器
（a）离子聚合物金属复合材料电化学驱动组装示意图；（b）施加电压的电极层和移出多余的离子产生的驱动器应变示意图

图 6-5（a）为离子聚合物金属复合材料（垂直的氧化镍纳米阵列与还原氧化石墨烯-躲避碳纳米管）的电化学驱动的组装示意图；图 6-5（b）为施加电压的电极层和移出多余的离子产生的驱动器应变的示意图，其中最外层代表 RGO-碳纳米管，长方体代表 NiO 纳米壁。

6.2　仿生机器人运动分类

目前，仿生机器人在陆、海、空等多领域发挥着重要的作用，其运动形式也是多种多样，大致可分为爬行运动、跳跃运动、飞行运动以及游泳运动等几类。

6.2.1 爬行运动仿生机器人

爬行机器人多种多样,按仿生学角度来分可分为螳螂式爬行机器人、蜘蛛式爬行机器人、蛇形机器人、尺蠖式爬行机器人等;按驱动方式来分可分为气动爬行机器人、电动爬行机器人和液压驱动爬行机器人等;按工作空间来分可分为管道爬行机器人、壁面爬行机器人和球面爬行机器人等;按功能用途可分为焊弧爬行机器人、检测爬行机器人、清洗爬行机器人、提升爬行机器人、巡线爬行机器人和玩具爬行机器人等;按行走方式可分为轮式、履带式、蠕动式等。根据不同的驱动方式和功能等可以设计多种不同结构和用途的爬行机器人,如气动管内检测爬行机器人,电磁吸附多足爬行机器人、电驱动壁面焊弧爬行机器人等,每一种形式的爬行机器人都有其自身的应用特点。

以下介绍两种爬行机器人的案例。

1) 绳传动四足爬行机器人

目前国内外对四足仿生机器人的研究大部分只停留在仿形上,尚难做到对生物本身的功能和特长的仿生,四足仿生机器人也仍达不到自然界中四足生物那样灵活。设计结构更加简单、质量更小、性能更高的机器人腿部结构是四足机器人的发展趋势。典型的绳传动四足爬行机器人整体结构如图 6-6 所示,它由机身和 4 条模块化的腿构成,4 条腿对称分布在机身两侧,每条腿有 3 个主动关节,通过钢丝绳系统传动来实现腿部关节的正反转运动。绳传动机器人采用了一种绳传动系统与十字形髋关节结构,将关节驱动电机安装在机器人机身内部,通过钢丝绳将动力传递到其腿部各个关节,从而减轻机器人腿部的质量和惯性。这种设计简化了腿部的机械结构,减轻了腿部的质量,提高了传动系统的稳定性,进而提高了机器人的运动性能。

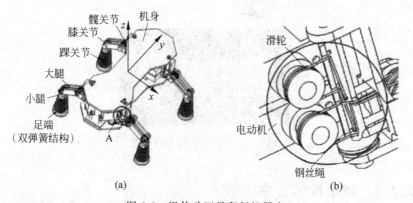

图 6-6 绳传动四足爬行机器人

(a) 绳传动四足爬行机器人的基本结构;(b) 绳传动四足爬行机器人的绳驱动机构

2）软体蠕动仿生机器人

随着机器人技术的发展,具有较高柔顺灵活性和较强环境适应能力的软体蠕动机器人已成为当前机器人领域的研究热点之一。软体蠕动机器人研究是仿生学研究的延续,其通常采用软体材料或柔性材料加工而成,本身结构具有高度可变性,从原理上就具有无限自由度,具有良好的安全性和柔顺性。

软体动物的结构和运动形式为软体机器人的设计提供了很好的参考,自然界中弯曲蠕虫的运动形式具有结构简单、驱动容易的特点。如图 6-7 所示为一种双腔多气囊结构的软体蠕动机器人,其利用硅橡胶材料的超弹性特征,通过在多气囊结构中充气,气压变化使气囊结构产生较大变形。多个气囊充气膨胀变形后相互挤压使软体机器人本体结构发生弯曲,控制双腔气压值的不同以实现本体结构的左右摆动运动,最终通过周期性的充放气可以实现软体机器人的蠕动运动。目前,软体蠕动仿生机器人主要是依靠软体基体与路面的摩擦力实现蠕动前进,为提高软体机器人的运动速度,可以引入轮足式设计,将软体机器人软体基体的蠕动运动转变为车轮的旋转运动,变滑动摩擦为滚动摩擦以减小运动阻力,实现软体机器人的快速行进功能。

图 6-7　软体蠕动仿生机器人

6.2.2　跳跃运动仿生机器人

跳跃运动仿生机器人是一类受到生物学跳跃动物启发而设计的机器人系统。这些机器人通过模仿动物的跳跃机制,实现了高效的跳跃能力和灵活的运动。

自然界中各种各样的昆虫和小型动物为研究微小型跳跃运动仿生机器人提供

了模板。常见的微小型跳跃运动仿生机器人有仿蝗虫、仿蟋蟀/蟑螂等跳跃机器人。

1) 仿蝗虫跳跃运动机器人

目前,蝗虫的跳跃机理被研究得较为通彻,人们已知蝗虫是通过后腿胫节的快速释放实现跳跃。具体来说,蝗虫后腿胫节在跳跃之前通过屈肌的缓慢作用来拉伸伸肌和半月板,再通过伸肌和半月板的快速释放实现胫节迅速蹬地获得较大的起跳力。除了跳跃以外,蝗虫还能够实现六足爬行和扑翼飞行。

瑞士洛桑联邦理工学院提出的 7g 仿蝗虫跳跃运动机器人如图 6-8(a)所示,其利用微小型电动机以及减速箱驱动离心凸轮转动,对髋关节处的扭簧进行缓慢加载和快速释放。扭簧储蓄的能量通过平行四边形腿传递到脚,并对机器人机身进行加速。通过手动调节脚的长度可以改变起跳角度、加速时间和脚的运动轨迹;通过手动调节扭簧固定的位置,可以实现扭簧储蓄能量在一个小范围内的阶梯变化。在两者协调作用之下即可以调整起跳角度和速度。

韩国建国大学通过模仿蝗虫起跳过程中胫节拉伸肌和屈曲肌的配合作用,用拉伸弹簧模拟拉伸肌肉,利用钢丝绳模拟屈曲肌,并结合微小型电动机、减速齿轮箱和离心凸轮,设计出一种仿蝗虫跳跃运动机器人,如图 6-8(b)所示。

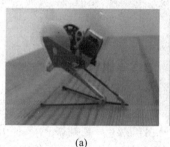 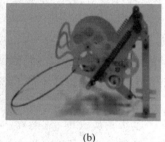

(a)　　　　　　　　　　　(b)

图 6-8　仿蝗虫跳跃运动机器人

2) 仿蟋蟀/蟑螂跳跃运动机器人

西储大学在蟋蟀的爬行和跳跃机理的基础上提出了如图 6-9(a)所示的基于气动驱动的仿蟋蟀爬跳机器人,其可以实现很短距离的跳跃。为了提高运动的灵活性,研究人员提出了如图 6-9(b)所示的仿蟑螂滚跳机器人,以特殊的三爪轮结构设计来模仿蟑螂跨过障碍物时所采取的提升身体倾角的策略,这一技术大大提高了该机器人跨越障碍物的能力,也使其跳跃能力得到提升。

哈佛大学 2018 年研制出仿蟑螂爬行跳跃机器人 HARM 如图 6-9(c)所示,其是该团队对厘米级机器人制造和驱动技术的一次尝试。该四足机器人的四足构造一致,两个压电微型制动器可以控制足部进行全空间灵活运动。机器人整体 4.5cm 长,质量为 2.8g,能够通过四足的协调控制实现 17.2cm/s 的爬行速度,像

蟑螂一样可以快速爬行、跳跃、爬升和急转弯,携带有效载荷从高处坠落也不至于
受损。

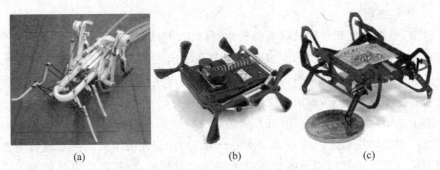

(a)　　　　　　　　　　(b)　　　　　　　　　　(c)

图 6-9　仿蟋蟀/蟑螂跳跃运动机器人

(a) 爬跳式;(b) 滚跳式;(c) 多功能式

6.2.3　飞行运动仿生机器人

在飞行机器人领域,飞行运动仿生机器人相较于普通四轴飞行器拥有更加美
观的外形,并且能模拟鸟类飞行时的启动、悬停和降落时的动作,正是因为这些特
点,才使其能更好地在军事、反恐及娱乐等众多领域,发挥侦察、巡逻与教育等积极
作用。

1) 仿海鸥飞行机器人

海鸥的飞行主要由起飞、巡航、转向和降落等阶段组成。在巡航过程中,其翅
部有 4 个基本的扑动动作:伸展阶段、下行程、折叠过程、上行程。可以大致将这 4
个动作看作一个完整的拍打过程。在伸展阶段翅膀需要尽可能大地展开,这样翼
展和升力面积才能达到最大值,从而在下行程阶段产生所需的大部分升力。上行
程阶段是被动恢复的过程,并且行程需要的时间很短,在这个阶段之前翅膀折叠,
目的是缩短翼展和减少阻力。在上行程中,空气阻力会急剧增大。如果鸟类能在
这个时候折叠翅膀则可以减少有效的作用风区,从而大大减少空气阻力。

海鸥一类的大型鸟类扑动飞行的频率比较低。在巡航过程中,这一频率主要
受翼展大小影响,大约为 5Hz,最低时只有 1～2Hz。

在巡航飞行过程时,海鸥的翅膀运动是完全左右对称的,这样的运动有利于其
在大型的风浪面前保持身体的平衡和对抗气流冲击。例如,Festo 公司研制的
Smartbird 仿生海鸥机器人其运动典型动作如图 6-10 所示。

2) 仿蜂鸟飞行机器人

普渡大学研究团队根据蜂鸟的身体构造和行为模式,制造出了一款仿蜂鸟飞
行机器人,如图 6-11 所示,其无论形态、动作都非常逼真。研究人员使用机器学习算
法对其进行训练,使仿生机器人"知道"如何像蜂鸟一样自行移动,并辨别何时执行逃
生机动策略。

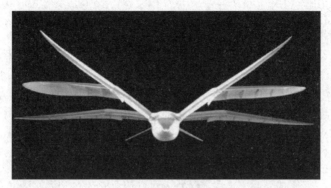

图 6-10　海鸥飞行机器人

图 6-11　仿蜂鸟飞行机器人

普渡大学研究团队开发的这款仿蜂鸟飞行机器人质量仅为 12g，和一只成年蜂鸟体重相当，却可以举起 27g 的物体。那对其使用两个电机来独立控制每个机翼，这也是借鉴了飞行动物在自然界中实现高度敏捷性机动的原理。最关键的是，这款仿蜂鸟飞行机器人使用机器学习技术进行训练，其不仅可以学会蜂鸟的动作，还可以学习到蜂鸟做出该动作的意图。

这意味着从模拟中学习之后，仿生机器人"知道"如何像蜂鸟一样自行移动，可以在看不到周围环境的情况下绘制地图，也就是说，这款机器人可以节省一个视觉传感器，在完全黑暗的场景下依然可以正常工作，这对于在地下等密闭空间的灾难现场寻找受害者就非常有用。这意味着不仅可以节省成本，还可以降低设计难度和生产工艺的复杂度。

6.2.4　游泳运动仿生机器人

游泳运动机器人的设计是以自然界中的鱼类为原型，通过观察、模仿其身体形态和运动特征，采用现代电子工程技术构建出与其形态、运动方式、功能等方面相似的机器人系统。

1）仿乌贼机器人

如图 6-12 所示，仿乌贼水下作业机器人机构的设计基于模块化设计思想，主要可分为 3 个模块，包括水下作业臂系统和两个波动鳍水下推进器。水下作业臂系统通过电机与驱动器集中后置，具有轻量化臂身，从而减少作业臂与系统本体之间的耦合，使其有利于进行快速的水下抓取作业。此外，系统还装有 PC/104 工控机、双目视觉系统、压力传感器、直流有刷电机、驱动器、编码器、减速箱、电池、配重块等设备。

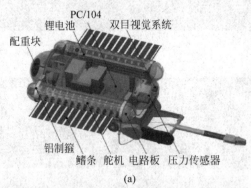

(a)

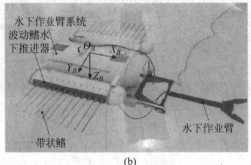

(b)

图 6-12　仿乌贼水下作业机器人

（a）水下作业臂系统；（b）仿乌贼水下作业机器人集成结构

系统通过圆形铝制箍将两个模块化的波动鳍水下推进器对称安装在两侧，共同构建出仿乌贼水下作业机器人。波动鳍水下推进器可被方便地取下并重新装配，这有利于仿乌贼水下作业机器人后期的维修与更新。

2）仿生机器鱼

自然界中，一些鱼类进化出柔性波动长鳍和相对刚性的身体，通过在长鳍上产生行波进而产生推力。柔性波动长鳍一般位于鱼体背侧、腹部、背腹侧或左右两侧，这些鱼类被称为中央鳍/对鳍推进模式鱼类。

鱼类的运动形式与其体形和鳍的形状密切相关，其动力主要依靠以下 3 种方式提供：①利用躯干部和尾部的肌肉收缩进行波浪式运动。②依靠鳍的摆动划水。③利用鳃孔向后喷水引起的反作用力使鱼体前进。

机器鱼是以仿生为主题的新型水下探测器,其具有噪声小、仿生性强等特点,在推进效率、机动性等方面具有巨大的研究价值,是近年来水下探测器的研究热点之一。机器鱼游动的推进模式可以分为中央鳍/对鳍(the median and/or paired fin,MPF)推进和身体/尾鳍(the body and/or caudal fin,BCF)推进等两种,如图 6-13 所示。

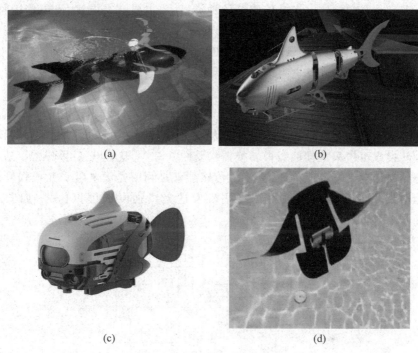

(a)　　　　　　　　　　　　　　(b)

(c)　　　　　　　　　　　　　　(d)

图 6-13　形态多样的机器鱼

(a) 机器海鱼;(b) 机器鲨鱼;(c) 机器海豚;(d) 机器蝠鲼

目前仿生机器鱼的形态多种多样,有用于海上侦察的机器海鱼、机器鲨鱼等,也有携带深海探测仪器的机器海豚、机器蝠鲼等。无论是在深海探测还是在国防领域机器鱼都发挥着重要的作用。

6.3　仿生机器人的传感

传感器是一种通过模仿人的感觉器官来获取信息、数据的媒介。

在工业应用中,高精密的作业要借助各种传感器来监视和控制作业过程中的各种物理参数,使设备在正常状态或最佳状态工作,并保证作业能达到最好的质量。因此可以说,没有众多优良的传感器,现代工业也就失去了基础。

6.3.1　光敏传感

光敏传感器是利用光敏元件将光信号转换为电信号的传感器,它的敏感波长

范围在可见光波长幅度附近,也可以包括红外线波长和紫外线波长。光敏传感器
不只局限于对光的探测,它还可以作为探测元件与其他传感器的结合,对许多非电
物理量进行检测,将这些非电物理量转换为光信号的变化即可应用。光敏传感器
是目前产量最多、应用最广的传感器之一,它在自动控制和非电物理量的电测技术
中占有非常重要的地位。光敏传感器的种类繁多,主要有光电管、光电倍增管、光
敏电阻、光敏三极管、光电耦合器、太阳能电池、红外线传感器、紫外线传感器、光纤
式光电传感器、色彩传感器、CCD 和 CMOS 图像传感器等。

　　光敏电阻器又叫光感电阻,其工作原理是内光电效应。光敏传感器内装有一
个高精度的光电管,光电管内有一块由“针式二极管”组成的小平板,当向光电管两
端施加一个反向的固定压时,任何光子对它的冲击都将导致其释放出电子,结果就
是光照强度越高则光电管的电流也就越大,之后电流通过一个电阻时,电阻两端的
电压被转换成可被采集器的数模转换器接受的 0~5V 电压,然后采集器以适当的
形式把结果保存下来。简单地说,光敏传感器就是利用光敏电阻受光线强度影响
时其阻值发生变化的原理向机器人主机发送光线强度的模拟信号,如图 6-14
所示。

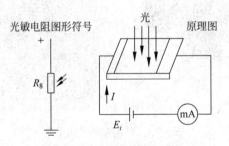

图 6-14　光敏电阻原理图

　　其中,光敏电阻是利用半导体的光电效应制成的一种电阻值随入射光的强弱
而改变的电阻器,其入射光强,电阻减小;入射光弱,电阻增大。光敏电阻器一般
用于光的测量、光的控制和光电转换(将光的变化转换为电的变化)等需求中。

6.3.2　声敏传感

　　声敏传感器是一种能将音频信号转变为电信号的器件或装置。它是一种用于
流量检测的传感器,该传感器在接线时可带电设定,在高/低灵敏度的量程模式下
操作。高灵敏度量程适用于 40dB 左右波动的高频信号,低灵敏度量程应用于
28~68dB 波动的高频信号。该传感器可接入外部电源,可独立于控制设备,独自
进行操作。声敏传感器可分为电阻变换型声敏传感器、压电声敏传感器、电容式声
敏传感器、动圈式话筒传感器等几类。

　　1) 电阻变换型声敏传感器

　　电阻变换型声敏传感器的工作原理是将音频振动转化为电阻值的变化,其可

分为两种形式：一种是接触阻抗型，它的表现形式为通过振动使其接触电阻发生变化；另一种是阻抗变换型，它的表现形式为通过振动使其膜片发生变形，再通过应变片将应变转化为电阻变化。

2）压电声敏传感器

压电声敏传感器的原理为压电效应，而压电效应可分为正压电效应和逆压电效应。

正压电效应是指：当晶体受到某固定方向外力的作用时内部会产生电极化现象，同时在某两个表面上产生符号相反的电荷；当外力撤去后晶体又恢复到不带电的状态；当外力作用方向改变时电荷的极性也随之改变，如图 6-15(a)所示。在该效应下，晶体受力所产生的电荷量与外力的大小成正比。压电式传感器大多是利用正压电效应制成的。

逆压电效应是指对晶体施加交变电场引起的晶体机械变形的现象，如图 6-15(b)所示。用逆压电效应制造的变送器可用于电声和超声工程。

压电敏感元件的受力变形有厚度变形型、长度变形型、体积变形型、厚度切变型、平面切变型等 5 种基本形式。压电晶体是各向异性的，并非所有晶体都能在这 5 种状态下产生压电效应，如图 6-15 所示。

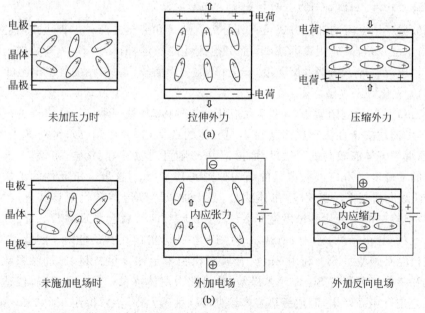

图 6-15　压电效应原理图
(a) 正压电效应；(b) 逆压电效应

3）电容式声敏传感器

电容式声敏传感器的原理是通过音频振动带动膜片振动，使电容发生变化。例如，电容式麦克风就是利用电容大小的变化将声音信号转化为电信号，其也叫作驻极体话筒。

4）动圈式话筒传感器

所谓动圈式话筒传感器是利用电磁感应原理来被制造的，其原理是利用线圈在磁场中切割磁感线后将声音信号转化为电信号，一般来说其效果比较好，在较高档的设备中常被使用。

6.3.3　气敏传感

气敏电阻传感器是一种将检测到的气体的成分和浓度转换为电信号的传感器，其依赖的气敏电阻是一种半导体敏感器件，它是利用气体的吸附而使半导体本身的电导率发生变化这一机理来进行检测的。人们发现某些氧化物半导体材料如 SnO_2、ZnO、Fe_2O_3、MgO、NiO、$BaTiO_3$ 等都具有气敏效应，可以用于制造气敏电阻。

以 SnO_2 气敏元件为例，它是由 $0.1\sim10\,\mu m$ 的晶体集合而成，这种晶体是作为 N 型半导体元件而工作的。在正常情况下其处于氧离子缺位的状态，当遇到离解能较小且易于失去电子的可燃性气体分子时，电子从气体分子向半导体迁移，半导体的载流子浓度增加，因此电导率增加。而对于 P 型半导体来说，它的晶格是阳离子缺位状态，当遇到可燃性气体时其电导率将减小。

根据气敏电阻的加热方式可将其分为直热式和旁热式两种。直热式消耗功率大，稳定性较差，故应用逐渐减少；而旁热式性能稳定，消耗功率小，其结构上往往加有封压双层的不锈钢丝网防爆，安全可靠，应用面较广。常用的气敏电阻如下。

1）氧化锌系气敏电阻

ZnO 系气敏电阻属于 N 型金属氧化物半导体，也是一种应用较广泛的气敏器件，其可通过掺杂催化物质而获得不同气体的选择性，如掺铂（Pt）可对异丁烷、丙烷、乙烷等气体有较高的灵敏度，而掺钯（Pd）则可对氢、一氧化碳、甲烷、烟雾等有较高的灵敏度。ZnO 气敏电阻的结构如图 6-16 所示。这种气敏元件的结构特点是：在圆形基板上涂敷 ZnO 主体成分，当中加以隔膜层与催化剂将其分成两层。例如，空气中的一氧化碳浓度达 $0.8\sim1.15\,mL/L$ 时人就会出现呼吸急促、脉搏加快等症状，甚至晕厥，达 $1.84\,mL/L$ 时则有在几分钟内死亡的危险。因此，对一氧化碳检测必须快且准。利用 SnO_2 金属氧化物半导体气敏材料，通过对颗粒超微细化和掺杂工艺制备 SnO_2 纳米颗粒，并以此为基体掺杂一定的催化剂，经适当烧结工艺进行表面修饰，制成旁热式烧结型 CO 敏感元件，能够探测 $0.005\%\sim0.5\%$ 的 CO 气体。

2）氧化铁系气敏电阻

图 6-17 是 $\gamma\text{-}Fe_2O_3$ 材料制成的气敏电阻的整体结构。当还原性气体与多孔的 $\gamma\text{-}Fe_2O_3$ 接触时，气敏电阻的晶粒表面受到还原作用转变为 Fe_3O_4，其电阻迅速降低。这种敏感元件可用于检测烷类气体，特别灵敏。

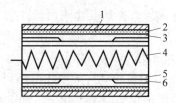

1—催化剂；2—隔膜；3—ZnO涂层；4—加热丝；
5—绝缘基板；6—电极。

图 6-16　ZnO 气敏电阻

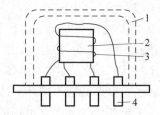

1—金属网罩；2—样品；3—电极引线；
4—加热丝引线。

图 6-17　γ-Fe_2O_3 气敏电阻

6.3.4　触觉传感

触觉是人与外界环境直接接触时的重要感觉,触觉传感器用于机器人中模仿触觉功能的传感器。按功能可将其分为接触觉传感器、力-力矩觉传感器、压觉传感器和滑觉传感器等。

研制满足要求的触觉传感器是机器人发展中的关键技术之一。随着微电子技术的发展和各种有机材料的出现,目前已经出现了多种多样的触觉传感器的研制方案,但大多仍属于实验室阶段,达到产品化的不多。

1) 接触觉传感器

接触觉传感器用于判断机器人(主要是其四肢)是否接触到外界物体或测量到被接触物体的特征。典型的接触觉传感器有微动开关、导电橡胶、含碳海绵、碳素纤维、气动复位式等类型。①微动开关:由弹簧和触头构成。触头接触外界物体后离开基板,造成信号通路断开,以此表明传感器与外界物体的接触。这种常闭式(未接触时一直接通)微动开关的优点是使用方便、结构简单,缺点是易产生机械振荡和触头易氧化。②导电橡胶式:它以导电橡胶为敏感元件。当触头接触外界物体并受压后会压迫导电橡胶,使它的电阻发生改变,从而使流经导电橡胶的电流发生变化。这种传感器的缺点在于导电橡胶的材料配方存在差异,出现的漂移和滞后特性也不一致,其优点是具有柔性。③含碳海绵式:它在基板上装有海绵构成的弹性体,在海绵中按阵列布以含碳海绵。接触物体受压后,含碳海绵的电阻减小,测量流经含碳海绵电流的大小即可确定受压程度。这种传感器也可用作压力传感器,其优点是结构简单、弹性好、使用方便,缺点是碳素分布均匀性直接影响测量结果且其受压后恢复能力较差。④碳素纤维式:以碳素纤维为上表层,下表层为基板,中间装以氨基甲酸酯和金属电极,接触外界物体时碳素纤维受压与电极接触导电,其优点是柔性好,可装于机械手臂曲面处,但滞后较大。⑤气动复位式:它有柔性绝缘表面,受压时变形,脱离接触时则由压缩空气作为复位的动力。其与外界物体接触时内部的弹性圆泡(铍铜箔)与下部触点接触而导电。其优点是柔性好、可靠性高,缺点是需要压缩空气源。

2）力-力矩觉传感器

力-力矩觉传感器用于测量机器人自身或与外界相互作用而产生的力或力矩的传感器，通常装在机器人各关节处。由前述可知，刚体在空间的运动可以用6个坐标来描述。例如，用表示刚体质心位置的3个直角坐标和分别绕3个直角坐标轴旋转的角度坐标即可描述刚体的运动。可以用多种结构的弹性敏感元件来接收机器人关节所受的6个自由度的力或力矩，再由粘贴其上的应变片将力或力矩的各个分量转换为相应的电信号。常用弹性敏感元件的形式有十字交叉式、3根竖立弹性梁式和8根弹性梁的横竖混合结构等。图6-18中展示的即为竖梁式六自由度力传感器的原理，其在每根梁的内侧粘贴有张力测量应变片，外侧则粘贴有剪切力测量应变片，从而构成6个自由度的力和力矩分量输出。

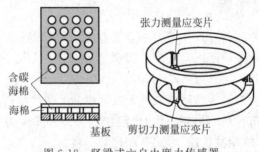

图6-18　竖梁式六自由度力传感器

3）压觉传感器

压觉传感器是测量接触外界物体时所受压力和压力分布的传感器。使用这一传感器有助于机器人对接触对象几何形状和硬度的识别。压觉传感器的敏感元件可由各类压敏材料制成，常用的有压敏导电橡胶、由碳纤维烧结而成的丝状碳素纤维片和绳状导电橡胶的排列面等。图6-19是以压敏导电橡胶为基本材料的压觉传感器，其在导电橡胶上面附有柔性保护层，下部装有玻璃纤维保护环和金属电极。在外压力作用下，导电橡胶电阻会发生变化，使基底电极电流产生相应变化，以此可检测出与压力成一定关系的电信号及压力分布情况。通过改变导电橡胶的渗入成分可控制电阻的大小，如渗入结晶形碳可加大电阻，渗碳、渗镍可减小电阻。通过合理选材和加工可制造高密度分布式压觉传感器，这种传感器可以感知细微的压力分布及其变化，故有人称之为"人工皮肤"。

4）滑觉传感器

滑觉传感器用于判断和测量机器人抓握或搬运物体时物体所产生的滑移，它实际上是一种位移传感器，其按有无滑动方向检测功能又可分为无方向性、单方向性和全方向性3类。①无方向性传感器主要是探针耳机式，它由蓝宝石探针、金属缓冲器、压电罗谢尔盐晶体和橡胶缓冲器组成。滑动时探针产生振动，由罗谢尔盐将振动转换为相应的电信号，缓冲器的作用则是减小噪声。②单方向性传感器主要是滚筒光电式，被抓物体的滑移使滚筒转动，导致光敏二极管接收到透过码盘

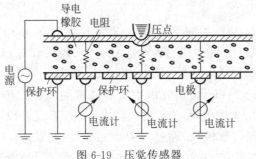

图 6-19 压觉传感器

(装在滚筒的圆面上)的光信号,然后通过滚筒的转角信号测出物体的滑动。③全方向性传感器采用表面包有绝缘材料的金属球,其表面构成经纬分布的导电与不导电区(图 6-20)。当传感器接触物体并产生滑动时,球发生转动,使球面上的导电与不导电区交替接触电极,从而产生通断信号,通过对通断信号的计数和判断可测出滑移的大小和方向,这种传感器的制作工艺要求较高。

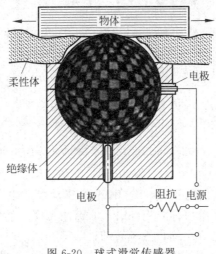

图 6-20 球式滑觉传感器

6.4 典型应用案例:仿生机器蛇应用

1. 问题描述

近年来,机器人尤其是仿生机器人技术发展速度非常快,机器人已被广泛运用于各个领域。机器蛇是一种区别于轮式和履带式机器人的新型仿生机器人,它能像生物蛇一样在复杂环境中自由运动,具有身体细长、横截面小和环境适应性强等优点,能被用于核辐射管道巡检、黑暗地下室探测、地震废墟搜救等不适宜人类工作的领域。

2. 系统的总体设计

机器蛇包括避障模块、控制系统模块、机械系统模块、供电系统模块和通信系统模块,如图 6-21 所示。其中机械模块包括蛇身、蛇头和蛇尾;控制系统模块以 AVR 单片机(Atmel 公司生产的 RISC 单片机)作为主控芯片和从控芯片,通过 I^2C(inter-integrated circuit)通信完成主机和从机间的数据传输;供电模块在蛇尾,外接有 5~10V 的电源模块,为机器蛇供电;通信系统是以 HPD8506A 无线传输模块为核心的数据传输模块,通过 RS232 通信协议以 9600bit/s 的波特率完成主机与 PC 之间的数据传输;红外传感器和压力传感器用于检测机器蛇周围环境,用于减少机器蛇与外界的撞击,压力传感器为今后的机器蛇攀爬做铺垫。

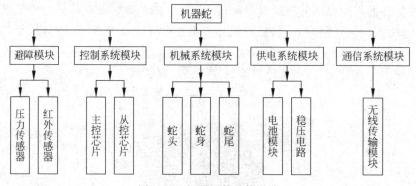

图 6-21 机器蛇的总体设计

1) 舵机选择

舵机的作用是在控制模块的从控芯片控制下完成角度转动。舵机控制原理是将舵机输入的脉冲信号传递给信号解调电路,解调后得到直流偏置电压,将该电压与电位器的电压比较获得电压差,再送入电机驱动集成电路以驱动电机正反转。对于本机器蛇,设 AVR 单片机向舵机输入的脉冲为 T_n,舵机自身脉冲为 T_r。当 $T_n=T_r$ 时,舵机将保持在中间位置不转动;当 $T_n<T_r$ 时,舵机逆时针转动一定角度;当 $T_n>T_r$ 时,舵机顺时针转动一定角度。为实现机器蛇质量小、体积小、横截面小和动力足等目的,经查阅资料比对常用舵机后选用 P0090 型舵机。其尺寸适宜、价格适中,经测试得知本舵机可在指定范围内转动,且反应速度较快、动力足,适合用于本机器蛇的初步研究。

2) 结构设计

(1) 蛇身设计。生物蛇是一种具有多脊椎骨的无肢爬行动物,"球铰"关节式结构使其有一定的伸缩性和极大的灵活度。

(2) 关节设计。现有的机器蛇关节连接方式包括正交连接和万向节连接,正交结构实现了 2 个动力输出轴的完全垂直,这样的机器蛇设计简单便于控制。关节依据舵机尺寸大小而设计。为保证蛇体能正常蠕动、扭转以及关节位置能够搭载应用的零部件,且为了使蛇体更加轻巧灵活,关节须为舵机预留空间,如图 6-22

中的 B 所示；A,C 处为关节衔接处以及舵盘安装点；D 处为机器蛇走线空间位置；E 处放置从控芯片；F 为舵机输出轴位置；G 处设计为保证前后关节都能完成 0°～180°的旋转。如此设计 2 个不同关节后便可进行组装,本设计为 6 个模块,12 个关节。

（3）蛇头、蛇尾设计。蛇头、蛇尾依据关节尺寸并结合所需功能完成设计,如图 6-23 所示。外形仿真生物蛇形状,头部削尖以减少空气阻力,头部内部掏空并为无线模块预留空间位置,顶部为主控芯片放置位置,蛇口为信号发射出入口。蛇尾端部削尖,并设有外接电源口。

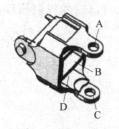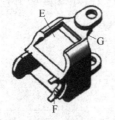

图 6-22　机器蛇的关节设计　　　　图 6-23　机器蛇的蛇头、蛇尾结构

3. 系统参数设计

根据需求设计出完整的机器蛇,包括蛇头、关节和蛇尾,装配整条机器蛇如图 6-24 所示,零件经过加工、装配、完成机器蛇参数测量,得到具体参数如表 6-2 所示。经过对比后发现,本机器蛇体积小、质量轻、便于携带,设计的机器蛇能满足运动要求。

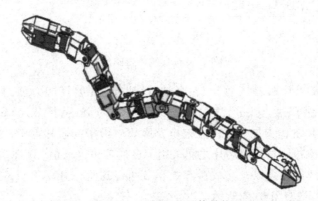

图 6-24　机器蛇的整体结构

表 6-2　机器蛇参数

机器蛇种类	长度/mm	质量/kg	直径/mm	最大弯转角/(°)	单元长度/mm
本机器蛇	700	0.8	35	90	60
solidsnake	980	1.0	50	90	110

续表

机器蛇种类	长度/mm	质量/kg	直径/mm	最大弯转角/(°)	单元长度/mm
CSR	1500	2.7		90	100
"中国龙"	1200	2.6		90	140
巡视者Ⅱ	1170	6.75	120	90	130

4. 硬件设计

机器蛇的控制模式分为两部分,一部分是对主机的控制,另一部分是对下行程从机的控制。在控制系统设计时需要分析机器蛇的运动流程,机器蛇的控制流程如图 6-25 所示。

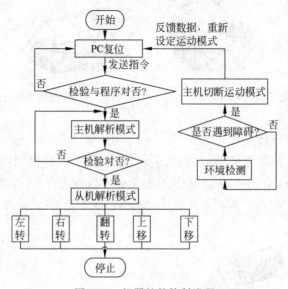

图 6-25 机器蛇的控制流程

由于 AVR 单片机输入输出(I/O)接口功能强、运算能力强、自带模数转换(A/D)功能和保密功能强等,故本项目采用 ATmega8(从控芯片)和 ATmega128(主控芯片)单片机作为控制器。主控电路负责:①主控芯片与 PC 机之间使用无线通信;②主控芯片与从控芯片之间采用 I²C 通信协议通信;③PC 数据处理和数据分发;④加载传感器以及完成避障数据分析。这里采用 ATmega128 单片机作为主控芯片,电路如图 6-26 所示。

其中 LED 显示灯显示电路是否导通,排线模块用来接插排线并保证从机模块通信,无线模块用于向 PC 接发数据。从控电路负责:①从控芯片与主控芯片之间的通信;②解析运动程序,产生 PWM 波以控制舵机转动,这里采用 ATmega8 作为从控芯片。

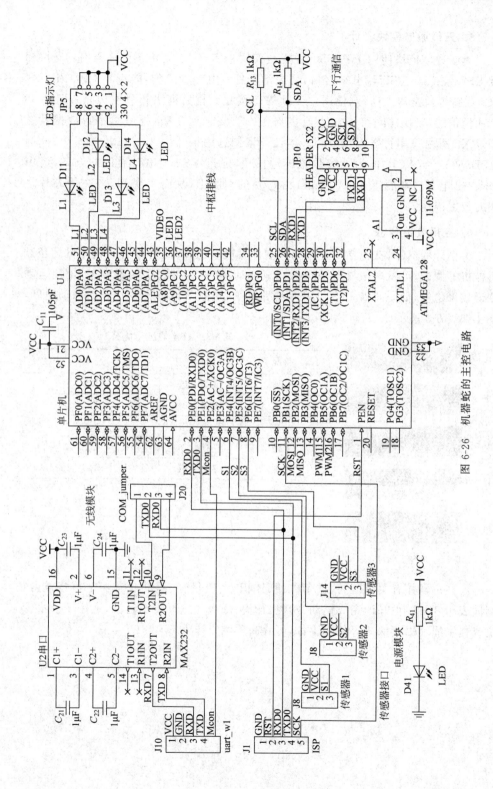

图 6-26 机器蛇的主控电路

5. 无线通信模块设计

无线通信模块使用 HPD8506A 无线模块来实现,该模块主要优点有:支持标准 RS232/RS485/TTL 电平接口,可灵活选择;内置看门狗,能克服 CPU 死机现象;支持串口全双工通信,使用户无须等待接收数据后即可再发射数据;拥有 68 个通信信道,模块之间可点对点或多点工作。该芯片 TXD 标号是串行数据发送脚,RXD 标号是串行数据接收脚。本设计案例选用尺寸为 37.6mm×21.6mm 的 HPD8506A-470-232 作为无线数据传输模块,通过 RS232 串口通信的方式,经由 Max232 电平转换后接入 ATmega128 芯片的引脚上,从而实现 PC 与主控芯片之间的数据传输。

6. 应用效果分析

将设计的机器蛇(包括机械结构和硬件模块)安装调试后得到实物样机。经过对样机的调试,可发现该机器蛇可以完成蠕动、侧移、游动、抬头等步态,短期运动测试效果稳定,如图 6-27 所示。在平地路况下,通过测试得到各步态的移动速度,具体如表 6-3 所示。

表 6-3 机器蛇运动情况

路况	步态	速度/(cm·s⁻¹)
平地	蠕动前进	1.3
平地	蠕动后退	1.3
平地	左侧行	2.4
平地	右侧行	2.5
平地	游动前进	1.0
平地	游动后退	1.1

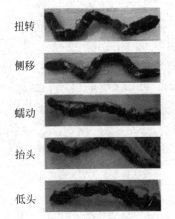

扭转

侧移

蠕动

抬头

低头

图 6-27 样机运动步态

上述机器蛇有关节简易、携带方便、体积小、质量轻、运动状态稳定等特点,经测试表明其可以很好地完成蠕动、蜿蜒、抬头、低头等蛇形步态运动,适用于狭小管道或在缆绳上攀爬探测等危险工作,可提高检测工作效率。

参 考 文 献

[1] 熊有伦.机器人技术基础[M].武汉:华中科技大学出版社,2011.

[2] 蔡自兴.机器人学基础[M].2版.北京:机械工业出版社,2015.

[3] 邵俊鹏,李中奇,孙桂涛,等.液压四足机器人关节驱动节能[J].哈尔滨理工大学学报, 2016,21(2):53-59.

[4] 张英坤.Delta并联机器人的研究进展[J].机床与液压,2016,44(21):16-20.

[5] 于靖军,刘辛军,丁希仑.机器人机构学的数学基础[M].2版.北京:机械工业出版 社,2016.

[6] 孟明辉,周传德,陈礼彬,等.工业机器人的研发及应用综述[J].上海交通大学学报,2016, 50(S1):98-101.

[7] 牟富君.工业机器人技术及其典型应用分析[J].中国油脂,2017,42(4):157-160.

[8] 李鑫,潘松峰,尹宁宁,等.六自由度串联机器人控制系统设计[J].青岛大学学报(工程技 术版),2017,32(2):108-111.

[9] 王天然.机器人技术的发展[J].机器人,2017,39(4):385-386.

[10] 曾重元.并联及串并混联机构设计方法研究[D].哈尔滨:哈尔滨工业大学,2017.

[11] 张国英.一种新型并联手腕的构型综合、分析及其与Delta混联的理论和实验研究[D].广 州:广东工业大学,2018.

[12] FRANÇOIS S,OLIVIER P,LAURENT B,et al. Soft robots manufacturing:a review[J]. Frontiers in Robotics and AI,2018(5):84.

[13] 赵杰.国产机器人的发展现状与挑战[J].机器人产业,2018(5):82-85.

[14] 黄敏高,龚仲华,王芳.工业机器人驱动系统现状与展望[J].机床与液压,2018,46(3): 79-83.

[15] 张鹏.仿生机器鱼的应用研究[J].决策探索(中),2018(8):68-69.

[16] LI,BAI S,SHEPHERD H,et al. Bio-inspired design and additive manufacturing of soft materials,machines,robots,and haptic interfaces[J]. Angewandte Chemie (International ed. in English),2019,58(33):11182-11204.

[17] GIFARI M W,NAGHIBI H,STRAMIGIOLI S,et al. A review on recent advances in soft surgical robots for endoscopic applications. [J]. The international journal of medical robotics+computer assisted surgery:MRCAS,2019,15(5):e2010.

[18] 崔秀芳,石福孝,李培培,等.BDS在仿生机器鱼中的应用研究[J].全球定位系统,2019, 44(6):70-74.

[19] 杨佳欣,张昊,尹铭泽,等.绳传动四足爬行机器人的结构设计与仿真分析[J].机械制造 与自动化,2019,48(3):108-111.

[20] 姚建涛,陈新博,陈俊涛,等.轮足式仿生软体机器人设计与运动分析[J].机械工程学报, 2019,55(5):27-35.

[21] 莫小娟,葛文杰,赵东来,等.微小型跳跃机器人研究现状综述[J].机械工程学报,2019, 55(15):109-123.

[22] 吴炳龙,曲道奎,徐方.基于位置控制的工业机器人力跟踪刚度控制[J].机械设计与制 造,2019(1):219-222.

[23] 刘善增.机器人工程专业机械原理课程教学思考[J].中国教育技术装备,2019(22):105-106,113.

[24] 李伟,李峰,崔连涛,等.一种基于 3-RPS 并联机构的六自由度并串混联机器人的机构设计[J].装备制造技术,2020(7):30-34.

[25] 杨晶东,孙磊明.基于联想记忆的智能机器人教学方法研究[J].计算机教育,2019(10):77-81.

[26] 叶鹏达,尤晶晶,仇鑫,等.并联机器人运动性能的研究现状及发展趋势[J].南京航空航天大学学报,2020,52(3):363-377.

[27] LIU G,ZHANG G,GUAN Y,et al. Geometry of adjoint-invariant submanifolds of SE(3)[J]. IEEE Transactions on Robotics,2021,37(2):699-705.

[28] 郭炳延.传感器测量系统在仿生机器手中的应用[J].通信电源技术,2020,37(6):96-98.

[29] 宋爱国.机器人触觉传感器发展概述[J].测控技术,2020,39(5):2-8.

[30] 李海源,刘畅,严鲁涛,等.上肢外骨骼机器人的阻抗控制与关节试验研究[J].机械工程学报,2020,56(19):200-209.

[31] 高志伟,代学武,郑志达.基于运动控制和频域分析的移动机器人能耗最优轨迹规划[J].自动化学报,2020,46(5):934-945.

[32] 张文典,黄家才,胡凯.基于 MATLAB 的机器人轨迹仿真及关节控制[J].制造技术与机床,2020(5):54-58.

[33] 李瑞峰,荣伟彬,邓鑫.新工科背景下机器人工程专业研究与探索[J].中国大学教学,2020(Z1):32-36.

[34] 曾颖峰,陈亮,任彦仰.六轴关节机器人在木工雕刻中的应用[J].机电技术,2020(6):34-36,51.

[35] SUN Y,ABUDULA A,YAN H,et al. Soft mobile robots:a review of soft robotic locomotion modes[J]. Current Robotics Reports,2021,2(4):371-397.

[36] 杨文,石英春,雷道仲.多关节串联工业机器人关节刚度分析与辨识[J].中国信息化,2021(2):82-85,73.

[37] 洪伟程,韩成浩,张译心,等.六自由度机器人运动控制与分析研究[J].电气开关,2021,59(6):22-24.

[38] 丁璇.基于区块链的智能机器人多传感信息加密控制研究[J].计算机测量与控制,2021,29(3):252-257.

[39] 于联周,李曼,张波.基于 I/O 点的 Fanuc 数控系统与 ABB 工业机器人通信与控制[J].中国新技术新产品,2021(22):21-23.

[40] 马广英,王光明,刘润晨,等.串并混联四足机器人腿机构的设计及运动学分析[J].华南理工大学学报(自然科学版),2021,49(1):103-112.

[41] 纵怀志,张军辉,张堃,等.液压四足机器人元件与液压系统研究现状与发展趋势[J].液压与气动,2021,45(8):1-16.

[42] 赵建勇,程亚.工业机器人开放式运动控制实验教学方法[J].制造业自动化,2021,43(11):65-68,80.

[43] 丁云鹏,朱学军,孙绪强,等.关节型机器人运动学仿真及控制系统设计[J].控制工程,2021,28(3):546-552.

[44] 王昕煜,平雪良.基于多传感器融合信息的移动机器人速度控制方法[J].工程设计学报,2021,28(1):63-71.

[45] 李首滨,李森,张守祥,等.综采工作面智能感知与智能控制关键技术与应用[J].煤炭科学技术,2021,49(4):28-39.

[46] 杨彦超,王红旗,刘群坡,等.基于力/位混合控制的工业机器人精密装配研究[J].制造业自动化,2021,43(3):56-59.

[47] 郝玉成.夯实智能机器人装备基础 加快智能制造高质量发展[J].机器人产业,2021(4):16-20.

[48] 董言敏.工业机器人在智能制造中的应用分析[J].时代汽车,2021(15):14-15.

[49] 李耀贵,刘睿.世界机器人技术发展研究[J].天津科技,2021,48(3):1,3-6.

[50] 任佳妮,杨阳.全球医疗机器人技术领域创新态势分析[J].计算机技术与发展,2021,31(4):158-163.

[51] 陶永,刘海涛,王田苗,等.我国服务机器人技术研究进展与产业化发展趋势[J].机械工程学报,2022,58(18):56-74.

[52] 董豪,杨静,李少波,等.基于深度强化学习的机器人运动控制研究进展[J].控制与决策,2022,37(2):278-292.

[53] 臧强,田浪,胡凯,等.机器人力控制综述[J].南京信息工程大学学报(自然科学版),2022,14(6):744-754.

[54] 蒋宝,徐冬至,黄瑞生,等.基于视觉传感的焊接机器人焊缝识别跟踪技术研究现状[J].金属加工(热加工),2022(1):10-17,21.

[55] 崔少伟,王硕,胡静怡,等.面向机器人操作任务的视触觉传感技术综述[J].智能科学与技术学报,2022,4(2):186-199.

[56] 程伟.西门子 S7-1200 控制器与 ABB IRB120 工业机器人的 TCP 通信研究[J].现代工业经济和信息化,2022,12(8):71-72.

[57] JIAN X,ZOU T. A review of locomotion,control,and implementation of robot fish[J]. Journal of Intelligent & Robotic Systems,2022,106(2).

[58] 杨跃.工业机器人与可编程控制器 PLC 的通信技术[J].集成电路应用,2022,39(6):198-199.

[59] 戴俊良,伍耿民,凌旭,等.工业机器人与可编程控制器的 I/O 通信研究[J].河南科技,2022,41(21):8-12.

[60] 戴熙礼.工业机器人及视觉传感技术在堆焊再制造中的应用[J].焊接技术,2022,51(9):92-96.

[61] 张坚.基于"互联网+"的机器人工程专业导论课程的教学模式探索[J].自动化应用,2022(12):160-162.

[62] 周奕甫,袁杰.串联机器人智能辅助作业轨迹规划[J].现代电子技术,2022,45(22):181-186.

[63] 王硕,蔡玉强,王立颖.基于遗传算法的 6R 串联机器人臂长优化设计[J].机械工程与自动化,2022(4):57-58,61.

[64] 郭建烨,刘军.并联机器人工作空间分析与结构优化[J].制造技术与机床,2022(11):20-26.

[65] 林放.六足仿生机器人运动控制 CPG 机理与控制策略研究[J].现代工业经济和信息化,2022,12(5):40-41,55.

[66] 王宇,杜艾芸,李亚鑫.两栖六足仿生机器人的水陆运动控制研究[J].仪器仪表学报,2022,43(11):274-282.

[67] 华东跃.水质监测仿生机器鱼的结构设计与实现[J].机械工程与自动化,2023(1):111-113.

[68] 程明玉,刘霆,杨芳,等.仿生机器鱼设计及应用[J].科技资讯,2023,21(14):52-55.

[69] 高良,高靖松,许威,等.两栖类仿生机器人研究现状及发展前景[J].机器人产业,2023(4):51-59.

[70] 邱海飞,张嘉友,李成创,等.类壁虎仿生机器人机械控制及实验[J].机械设计与研究,2023,39(3):21-26.

[71] 冯砚博,王景琪,刘聪,等.仿生机器人夹持机构特性研究[J].哈尔滨商业大学学报(自然科学版),2023,39(3):323-327.

[72] 徐小军,刘博龙,潘迪博,等.水陆两栖仿生机器人的研究及应用[J].水下无人系统学报,2023,31(1):143-151.

[73] 王林杰.仿生软体机器人设计的应用与发展研究[J].中国设备工程,2023(12):26-28.

[74] 卢明,袁玥,吴政睿,等.仿海鬣蜥水陆两栖机器人系统设计[J].机床与液压,2023,51(15):26-34.

[75] 陈明豪,王卓,孙亚楠,等.用于水泥电杆爬杆的仿生机器人设计[J].科技创新与生产力,2023(1):88-90,95.

[76] 褚宏鹏,祁柏,王慧奇,等.六自由度轮式并联机器人及其构型方法[J].机械工程学报,2023,59(3):46-53.

[77] 岳晓明,臧烁,徐作珂,等.基于 6 自由度串联机器人的电火花铣削加工轨迹规划及伺服控制策略研究[J].机械工程学报,2023,59(9):20-27.

[78] 兰晓静,李旭东.一种并联机器人机构运动特性优化研究[J].机床与液压,2023,51(8):80-88.

[79] 刘将,王生海,李建,等.绳驱动并联吊装机器人绳索张力优化[J].科学技术与工程,2023,23(19):8256-8263.

[80] 房海蓉,计晴,赫利涛,等.一种铺带并联机器人机构设计与分析[J].北京交通大学学报,2023,47(1):142-154.

[81] 吕鑫,李海波,曾诚实,等.面向高压输电线作业的串联机器人运动控制[J].制造业自动化,2023,45(7):106-110.

[82] 沈微微,姜晓燕,张兵,等.机器人抓取视觉传感目标精确定位方法[J].传感技术学报,2023,36(5):763-768.

[83] 陈婵娟.基于 CCLINK 总线的工业机器人通信系统设计[J].长江信息通信,2023,36(7):121-123.

[84] 刘会军,刘金花,尹石岭.基于无线通信网络技术的机器人巡检远程监控系统[J].自动化与仪表,2023,38(5):57-61.

[85] 陈鑫.激光视觉传感在焊接机器人焊缝识别中的应用[J].应用激光,2023,43(3):42-47.

[86] 王耀南,江一鸣,姜娇,等.机器人感知与控制关键技术及其智能制造应用[J].自动化学报,2023,49(3):494-513.

[87] 杨旭.基于模糊 PID 控制的采摘机器人行走系统设计[J].农机化研究,2023,45(10):211-214,218.

[88] 何成刚,朱润智,黄挺博,等.工业机器人轨迹规划与优化研究进展[J].现代制造工程,2023(7):150-159.

[89] 陶永.我国智能机器人技术与产业发展现状及发展趋势浅析[J].机器人产业,2023(4):5-8.

[90] 刘京运,郝玉成.机器人产业是未来高端智能化产业的基础[J].机器人产业,2023(2):34-37.